U0174012

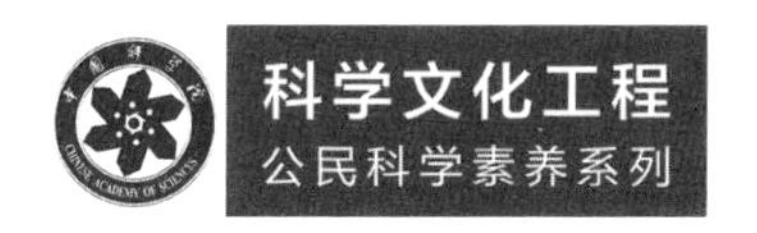

BRIEF LECTURES ON ASTRONOMY

极简天文课

张双南◎著

科学出版社
北京

内 容 简 介

本书用简洁和通俗的语言，以讲故事和回答问题的方式介绍了天文学对人类认识宇宙的几次飞跃、天文学和现代自然科学的关系、科学和文化的关系，以及天文爱好者和公众最关心的天文学的若干主题与最新进展。本书的主要内容取自作者广受欢迎的分答小讲“极简天文课”，并在原来内容的基础上进行了一定的修改和补充，配上生动的插图，加入与听众的互动内容，进一步增加了可读性，解答了公众关心的相关问题。

本书可供对科学、宇宙和未来充满兴趣的大众读者阅读。

图书在版编目（CIP）数据

极简天文课 / 张双南著．—北京：科学出版社，2021.4

ISBN 978-7-03-068177-5

I. ①极…　Ⅱ．①张…　Ⅲ．①天文学－普及读物　Ⅳ．① P1-49

中国版本图书馆 CIP 数据核字（2021）第 037042 号

责任编辑：张　莉 / 责任校对：韩　杨
责任印制：霍　兵 / 插图绘制：马　劲
封面设计：有道文化

科学出版社 出版
北京东黄城根北街 16 号
邮政编码：100717
http://www.sciencep.com
北京九天鸿程印刷有限责任公司 印刷
科学出版社发行　各地新华书店经销
*
2021 年 4 月第　一　版　开本：720×1000　1/16
2024 年 1 月第五次印刷　印张：10 1/2
字数：120 000
定价：58.00元

（如有印装质量问题，我社负责调换）

前 言

天文学的观测和理论研究使得人类在探索宇宙奥秘的漫长道路上取得了辉煌的成就，带来了人类宇宙观的七次飞跃。在这个过程中，产生了以物理学为标志的现代科学，形成了自然科学研究的方法，发现了黑洞、大爆炸、暗能量和暗物质等天体与现象，揭示了生生不息、不断演化、丰富多彩又绚丽壮观的宇宙图景。在今天的社会交往中，见面如果能聊几句天文学史上那些给我们带来宇宙观飞跃的关键人物，聊几句天文上的最新发现，聊几句科幻大片里的物理和天文学，您的品位和吸引力立刻就会提升！

极简天文课通过十堂课，对天文学做了一些介绍。与常规的大学或者高中的天文学课程不同，极简天文课不强调系统性和全面性，重点是天文发展和研究的亮点，有些亮点是宏观的图像和发展；有些亮点是某类天体甚至某种现象的介绍，比如黑洞和暗物质；有些亮点则是对某一类问题的介绍，比如天文学研究和科学研究方法的关系，天文学研究如何奠定了相对论和量子力学这两大现代科学与技术的理论基础；等等。因此，极简天文课的目的不是让你成为天文学专家，而是让你了解一些即使上过正规和系统的天文学课程也不一定能够说得清楚的天文亮点，让你喜欢上天文。你知道的这些亮点也许会成为你的谈资，也许是你进入专业天文研究的第一步，也许就是丰富了你的知识、提升了你的文化品位。

张双南

2019 年 10 月

目　录

第六课　引力波探测的悲情与荣耀

第七课　宇宙的过去与现在

第一课　极简天文史

从古希腊到现在，人类的宇宙观都发生了几次飞跃？在这个过程中，科学是怎么产生的？本部分将宏观地介绍人类宇宙观的七次飞跃，让我们一起跨越两千多年的历史长河，了解这七次飞跃是什么以及是如何发生的。同时，后面九堂课都会从这一堂课里面的有些内容出发，因此建议你首先读这一堂课的内容。当然，如果跳过这一堂课直接读后面的内容，也是完全可以的。

一、地心说

地心说其实很符合直觉常识，但是需要托勒密给天体加上“轮子”。

由于地球的自转，人在地球上看，日月和其他所有的天体似乎都是绕地球转动的，因此古希腊人的宇宙观很自然就是地心说（图 1-1），该学说的代表人物是欧多克斯（Eudoxus，公元前 408—前 355）和亚里士多德（Aristotle，公元前 384—前 322）。事实上，直到今天，仍然有很多人认为所有的天体都是在以地球为中心的同心圆上绕地球转动的，这是

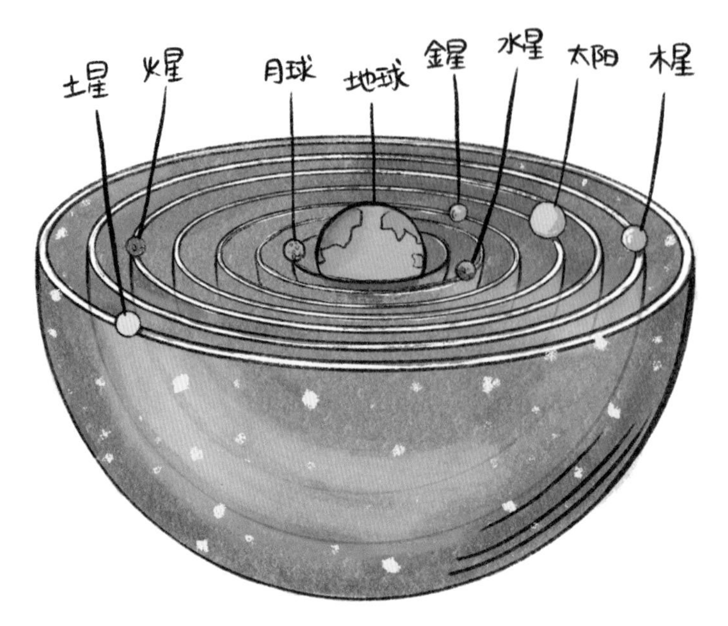

图 1-1　地心说模型

由朴素的经验得到的很自然的结果。

我多年前在美国看到一个抽样调查的结果，大约一半被调查的美国人仍然相信地心说。有被调查者在填写调查问卷时甚至写道，尽管学校老师教的是地球围绕太阳运动，但是认为地心说更加符合他们的经验，毕竟每天看到的就是包括太阳、月亮在内的所有天体都会从东边升起到西边落下。这告诉我们，尽管经验对于我们认识世界很重要，但是经验的直接外推并不一定能够反映世界的本质，从经验得出的结论必须经受进一步的检验，也就是实验或观测的检验，只有这样，我们才能够逐步接近真理。

亚里士多德等相信地心说的另外一个原因是出于哲学和美学的考虑。他们认为球、球面和圆都是最完美的几何，因此地球必须是一个完美的球体（关于这一点，他们几乎是完全正确的），天体必须处于球面上，而且天体只能做圆周运动，所以宇宙的运行只能选择地心说。这又告诉我们，纯理性和哲学的思考不可能揭示自然的规律与本质，实验和观测才是检验真理的最终标准。

天文学家通过仔细的天文观测逐步发现，行星相对于星空背景的运动并不总是沿着一个方向的，有时候会发生逆行，比如火星的顺行运动是由西向东，逆行的时候就变成了由东向西，可以持续几个月。这个观测发现挑战了当时流行的地心说的宇宙观，因此需要建立新的理论模型来解释这个新的天文观测现象。托勒密（Claudius Ptolemaeus，90—168）提出的模型是“地心说 + 本轮”，简称“本轮说”，也就是对地心说进行修正，认为行星的逆行是真实运动，每一个行星在围绕地球运动的同时，也绕着自己的一个“本轮”转动。相对于地球上的观测者来讲，轮子的转动会导致大部分时候该天体运动的方向和其绕地球转动的方向大致相同，也就是顺行；少部分时候该天体运动的方向和其绕地球转动的方向大致相反，也就是逆行。只要赋予每一个行星的“轮子”一组合适的参数，就可以精确地描述当时获得的每一个行星的顺行和逆行的观测结果。就这样，天才的托勒密给天体加上了“轮子”，观测和理论之间的矛盾就解决了。

至此，希腊天文学时代也就结束了。在这个时代，科学达到了一个顶峰，从此科学的中心多次迁徙，但是总体水平长期徘徊不前甚至有时还下降很多，一直到 16 世纪才开始了一场新的科学革命。

二、人类宇宙观的第一次飞跃

哥白尼、开普勒和伽利略建立功勋，日心说取代了地心说。

开创人类第一次科学革命的标志正是日心说取代了地心说，日心说的开创者正是哥白尼（Nicolaus Copernicus，1473—1543）。

托勒密之后大约1400年，以天文学家哥白尼为代表的一批学者认为，托勒密的“本轮说”过于复杂，需要不断进行各种微调以符合新的观测结果，不符合他们认为的“美”的科学理论。这也许是历史上科学家第一次根据自己的美学观，而不是根据与实验结果的符合程度提出新的理论模型，因此这也成为后来的物理学家很喜欢做且津津乐道的一种科学方法，而奥卡姆剃刀原理[①]也来自以“简洁”为美的审美观。

总之，哥白尼等认为需要彻底推翻旧的地心说模型并建立一个全新的日心说模型（图1-2）。哥白尼认为，行星的逆行是由于行星和地球都围绕太阳运动，由于它们的角速度不同，也就是绕太阳一圈的时间不同，从地球上看起来有时候行星就会逆行，所以行星的逆行就是地球和行星之间的相对运动所产生的视运动，类似我们在高速公路上开车超过了一辆车之后，就会觉得那辆车在后退。这个模型也可以描述当时的观测结果。从解释当时已有的观测结果这个角度，无法判别地心说和日心说两个模型哪个正确，所以需要新的观测数据来对其进行检验。因此，在哥白尼时代日心说还没有真的占据上风。

哥白尼之后有一位伟大的天文学家第谷·布拉赫（Tycho Brahe，1546—1601），他当时的天文观测水平最高，他通过大量天文观测发现，地心说和日心说都不能完全解释观测结果。他发现天体围绕太阳做严格圆周运动的日心说和观测数据的矛盾很大，而且不能解释为什么恒星没有视差。视差就是地球运动导致所有天体相对地球有位置改变，那么在地球上看起来所有的天体都不可能固定不变，但是为什么恒星看起来没有运动？而对于地心说，尽管按照托勒密的办法人为地修改行星的“本

① 奥卡姆剃刀原理是由14世纪哲学家、圣方济各会修士奥卡姆的威廉（William of Occam，约1285—1349）提出的，称为“如无必要，勿增实体”，即“简单有效原理”。

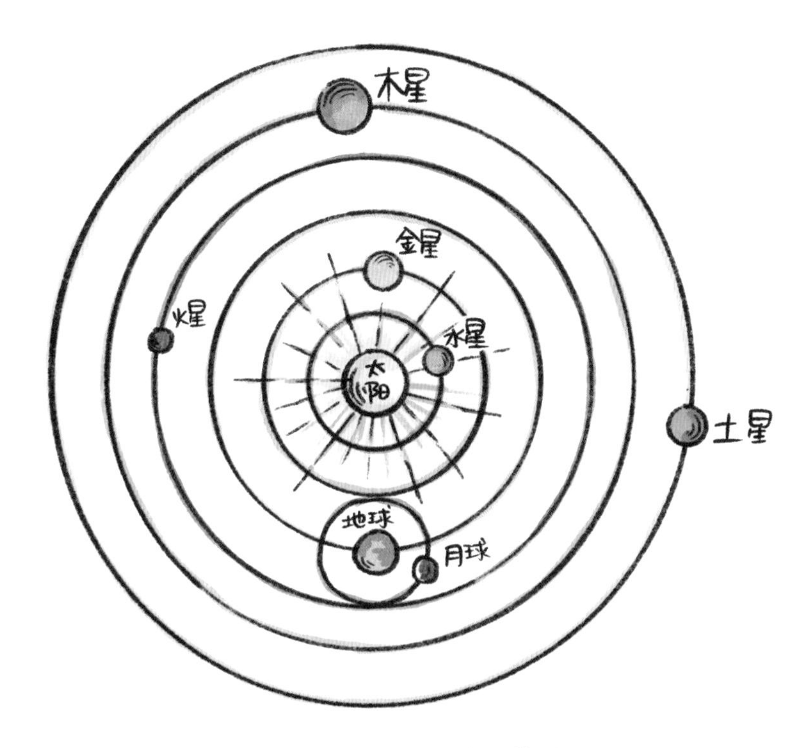

图 1-2　哥白尼的日心说模型

轮”能够和数据相符，但是地心说的“本轮”太复杂，需要不断地根据新的观测结果进行调整。于是，第谷提出了一种介于地心说和日心说之间的宇宙体系，简称第谷体系，该体系认为地球静居宇宙的中心，行星绕日运动，而太阳则率行星绕地球运行。

与第谷同时代的开普勒（Johannes Kepler，1571—1630）相信日心说，但是当时并没有掌握最好的观测资料，因此在第谷去世之前无法验证和发展日心说。第谷去世后，开普勒接替了第谷的天文观测工作，也获得了第谷的全部观测资料。开普勒仔细分析了这些观测资料之后发现，只需要把日心说的圆轨道修改成椭圆轨道，而太阳处于所有行星的椭圆轨道的一个焦点（这就是开普勒第一定律），这样就能够解释日心说和观测数据的矛盾了。他还根据观测资料建立了行星运动的另外两个定律，即开普勒第二定律和开普勒第三定律，第一次用简洁的数学公式描述了行星的运动。

直到今天，我们还在用开普勒三大定律描述太阳系内行星的运动，只不过需要考虑更多的复杂因素以及一些相对论修正。在由两体组成的靠引力束缚的体系中，如果忽略相对论效应，开普勒定律就是严格成立的。考虑到当时开普勒使用的数据精度有限，而实际上太阳系内的天体运动远比简单的两体问题复杂，因此开普勒使用的数据对于开普勒定律的偏离还是很明显的。在这种情况下，开普勒得到了严格成立的定律，这说明他的洞察力和科学审美观极为深刻。

由于开普勒定律和观测数据的一致程度并没有比托勒密或者第谷体系更优越，因此开普勒并没有彻底击倒地心说。伽利略·伽利雷（Galileo Galilei，1564—1642）收到开普勒寄给他的日心说著作《宇宙的奥秘》的副本后回信说：他支持日心说。开普勒给伽利略回信说，“伽利略啊，站出来!”要求伽利略公开支持日心说。于是，伽利略开始公开宣讲日心说和开普勒的理论。但是伽利略对地心说的致命一击则来自他于1609年发明的天文望远镜。伽利略利用他的天文望远镜发现了木星有多个卫星，发现金星和月球一样有相位，而这些都无法继续通过微调和修正托勒密的地心说进行弥补，只有在哥白尼和开普勒的行星椭圆运行的日心说的框架中才能够得到圆满的解释，至此完成了人类认识宇宙的第一次重大突破，使得人类明确地认识到人类居住的地球不是太阳系的中心，当然也不是宇宙的中心。

天文望远镜的发明标志着现代天文学的诞生，从此人类不必再靠肉眼对宇宙进行观测，不但直接推翻了地心说建立了日心说，而且后面的六次人类宇宙观的飞跃都来自利用各种各样的天文望远镜的观测发现。

三、人类宇宙观的第二次飞跃

太阳系也不是宇宙的中心，但是宇宙还是有中心的。

有了天文望远镜，人类对于宇宙的观测能力迅速得到了极大的提升。人类认识宇宙的第二次飞跃是通过天文观测认识到，不但地球不是宇宙的中心，太阳也不是宇宙的中心。那时人类认识的宇宙就是银河系，卡普坦（Jacobus Cornelius Kapteyn，1851—1922）通过分析超过 45 万颗恒星的距离，描绘了银河系的结构。他发现银河系有明确的边界，这就是卡普坦的“岛宇宙”模型。在这个模型中，太阳系在稍微偏离银河系中心的位置。而哈洛·沙普利（Harlow Shapley，1885—1972）通过测量 69 个球状星团，也就是由一批恒星组成的球状结构的距离，描绘了银河系的结构。在这个模型中，太阳系处于银河系比较边缘的地方。尽管通过这两个结果建立的银河系的模型细节有所不同，而且与现代的结果也有出入，但是一个共同的重要结果就是太阳系不是银河系的中心，当然也就不是宇宙的中心。

尽管如此，那时候认为宇宙还是有一个中心的，那就是银河系的中心，只不过我们不在那里。当然，按照今天我们对于宇宙和物理的理解，我们不在银河系的中心实在是一件值得庆幸的事情，因为那里恰好有一个超大质量黑洞。

四、人类宇宙观的第三次飞跃

世纪大辩论也没有解决的问题，即银河系不是整个宇宙，宇宙无边无际。

20 世纪初，关于观测到的众多星云的性质有两种截然不同的观点。以前面所讲的沙普利为代表的多数派认为星云就是银河系内的天体，银河系就是整个宇宙；而以柯蒂斯（Heber Doust Curtis，1872—1942）为代表的少数派则认为星云实际上是和银河系一样的“岛宇宙”，处于银河系以外很远的地方，整个宇宙由无数个这样的“岛宇宙”组成。为此，1920 年 4 月 26 日在位于华盛顿的美国国家科学院史密森学会的自然历史博物馆举行了一次沙普利－柯蒂斯世纪大辩论。但是这场辩论并没有解决这个问题，因为辩论本身并不能解决科学问题，科学问题的解决只能通过科学研究来实现。很快，天文学家埃德温·鲍威尔·哈勃（Edwin Powell Hubble，1889—1953）通过进一步的观测发现，这些星云实际上就是众多遥远的形态各异的星系（图 1-3），很多都和银河系类似，支持

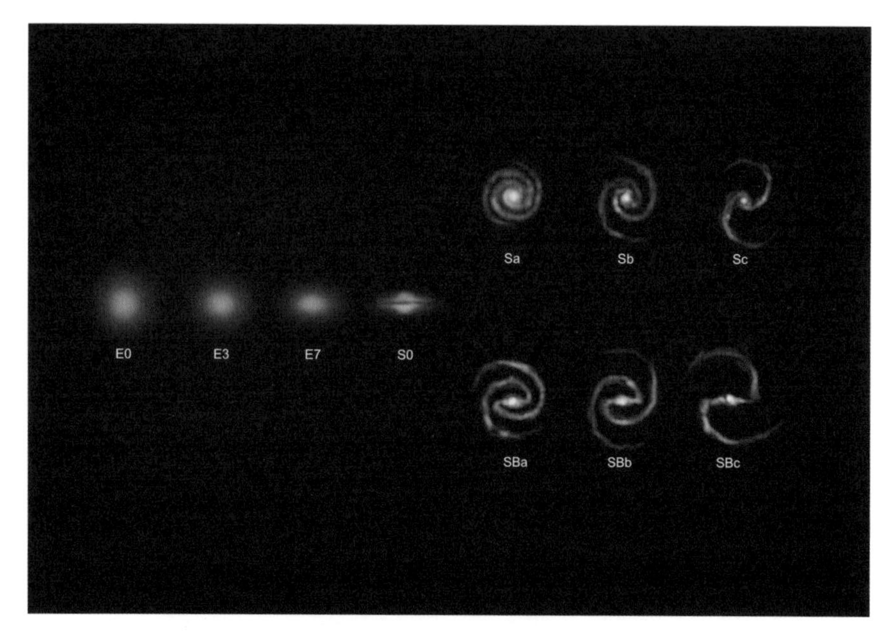

图 1-3　哈勃按照星系的形态所做的哈勃星系序列

了柯蒂斯的基本观点，人类认识的宇宙的尺度突然变得巨大无边，这是人类认识宇宙的第三次飞跃。

五、人类宇宙观的第四次飞跃

宇宙是膨胀的，不是永恒不变的，但是人类仍然不知道宇宙是怎么产生的。

哈勃观测到的很多星系都非常暗，因此距离银河系应该很远。如果把哈勃的观测结果直接外推，就会得到宇宙是无限的、永恒的，物质分布是均匀的。但是奥伯斯（Wilhelm Olbers，1758—1840）早已指出，这样的宇宙中，即使没有太阳光，但是由于宇宙中有无穷多的天体，永恒宇宙中的每一个天体的光都会照到地球，所以即便远处的天体看起来很暗，我们接收到的总的光也是无穷多。因此，我们不但不会有黑夜，反而应该是被亮瞎眼，这就是著名的奥伯斯佯谬。但是这个推论显然和我们的常识不符，所以一定是什么地方有重大问题。这个问题在 1929 年哈勃提出了哈勃定律之后得到了圆满的解决，因为远处的星系在退行，退行速度和距离成正比，因此宇宙在膨胀，反推回去就得到宇宙的年龄是有限的，天体的年龄当然也是有限的，更远的天体发出的光来不及到达地球，所以存在视界（称为宇宙的视界）。因此，即使宇宙比视界的范围大，甚至即使宇宙是无限的，我们也只能接收到有限的光，这就自然地解决了奥伯斯佯谬。因此，我们可见的宇宙必须是有边界的，这是人类认识宇宙的第四次飞跃。

那么既然宇宙是有年龄的，那它是什么时候以及如何产生的？

六、人类宇宙观的第五次飞跃

宇宙大爆炸产生了我们的宇宙。

根据哈勃的观测结果，星系的退行速度与星系离我们的距离成正比，由于光速是有限的，而且是一个常数，我们看到的远处星系的行为反映了更早时间宇宙的情况，那么必然得到更早，也就是更年轻的宇宙膨胀速度更快的结论。如果这样让时间倒流，可以推测出我们的宇宙应该是通过一次剧烈的爆发形成的，刚开始的时候膨胀速度很快，现在慢下来了。换句话说，早期宇宙应该比现在热很多，现在冷却下来了，这就是宇宙大爆炸理论的基本图像。1965 年，阿诺·彭齐亚斯（Arno Allan Penzias，1933—）和罗伯特·威尔逊（Robert Wilson，1936—）发现了宇宙大爆炸残留的宇宙微波背景辐射，和之前乔治·伽莫夫（George Gamow，1904—1968）的模型曾经预言的宇宙大爆炸留下的热辐射一致，证实了哈勃膨胀是宇宙大爆炸的结果，1978 年彭齐亚斯与威尔逊因此获得了诺贝尔物理学奖。因此，我们观测到的宇宙不仅是有边界的，而且是有起点的，这是人类认识宇宙的第五次飞跃。

其实，当伽莫夫等最初提出宇宙大爆炸模型的时候，并没有被学术界所接受，当时大部分学者都认为宇宙是稳态的，而“大爆炸”这个名称就是不相信这个理论模型的人嘲笑这个理论而开的一个玩笑。意思是说，这么一个宇宙难道就是这样“砰”的一下炸出来的吗？但是，不但哈勃发现的宇宙的膨胀暗示了宇宙可能就是这么产生的，而且微波背景辐射的发现更是直接证实了这个模型的预言。

既然宇宙是大爆炸产生的，那么宇宙未来的命运是怎样的？

七、人类宇宙观的第六次飞跃

宇宙在加速膨胀，是暗能量引起的吗?

要回答宇宙未来的命运是怎样的这个问题，就需要精确测量今天宇宙膨胀的速率，也就是哈勃常数，以及宇宙膨胀速率的变化，被称为宇宙膨胀的减速因子。将其称为减速因子，是因为在天体之间只有引力的情况下，宇宙的膨胀速率应该越来越慢，就像我们往天空扔一块石头，石头不可能跑得越来越快，除非给石头后面加一个火箭。

1998 年，三位年轻的天文学家萨尔・波尔马特（Saul Perlmutter，1959— ）、布莱恩・施密特（Brian P. Schmidt，1967— ）和亚当・里斯（Adam G. Riess，1969— ）通过观测一类特殊的超新星的光度随宇宙红移的变化，发现了目前的宇宙在加速膨胀，于 2011 年获得了诺贝尔物理学奖。宇宙加速膨胀是令人极为震惊的结果，因为这就像是膨胀的星系后面都有一个“火箭”在推进，我们现在把这个“火箭”叫作暗能量。把他们的观测结果和其他的天文观测结果结合起来，就可以得到从约 140 亿年之前宇宙大爆炸开始到今天的演化过程，以及在不同时期宇宙中的普通物质、暗物质和暗能量的比例的演化。今天宇宙中的普通物质、暗物质和暗能量分别占宇宙总物质 - 能量的比例大约为 4%、23% 和 73%，但是物理学中最成功的粒子物理标准模型只能解释其中仅仅占宇宙组成大约 4% 的普通物质。也就是说，我们目前对今天宇宙成分的 96% 几乎毫无所知，这既是物理学和天文学共同面临的巨大挑战，当然也是人类认识宇宙的第六次飞跃。

八、人类宇宙观的第七次飞跃

除了人类，宇宙中很可能有其他的世界和文明。

尽管有大量的证据支持生命能够从“低级”到“高级”进化[①]（也许称为“演化”更能反映这个词英文 evolution 的原意），但是地球的生命的“种子”来源目前仍然未知，可能产生于地球，也可能来自太阳系其他行星，也可能来源于太阳系外的其他行星。1992 年，天文学家在一个脉冲星也就是中子星的周围发现了第一颗太阳系外的行星。1995 年，天文学家在一颗恒星周围发现了第一颗行星，这是人类发现的太阳系外的第一个恒星－行星系统，类似于我们的太阳系，因为太阳在宇宙中就是一颗很普通的恒星。取得这个发现的两位天文学家米歇尔・马约尔（Michel Mayor，1942— ）和迪迪埃・奎洛兹（Didier Queloz，1966— ）与物理学家詹姆斯・皮布尔斯（James Peebles，1935— ）共享了 2019 年诺贝尔物理学奖。至今科学家已经在太阳系外其他恒星周围发现了 3000 多颗行星，有些行星是宜居行星，因此这些行星上面很有可能存在生命，甚至智慧生命或者文明，这是人类认识宇宙的第七次飞跃。

① 此处感谢周忠和院士指出，低级与高级是人为的判断标准，不是科学术语。

第二课　极简黑洞

一、为了让霍金获得诺贝尔奖，欧洲大型对撞机应该造出黑洞

这一课就从我亲身经历的一个真实故事开始。

很多年前我在荷兰阿姆斯特丹参加一个高端会议，会议晚宴只有少数会议代表被邀请参加，我很荣幸地在受邀行列。那时候还没有智能手机地图导航，邀请方给了我们每人一张地图，我就按照地图找去了。到了地方，发现是一个高级宾馆，但是说什么也找不到吃饭的那个房间。正当我转得晕头转向的时候，看到因为精确测量了宇宙微波背景辐射的黑体谱而获得诺贝尔物理学奖的乔治·斯穆特（George Smoot，1945—），他正拿着地图乱转，我于是追上去问他什么情况，他说自己找了一阵子了，但是找不到吃饭的房间。

于是，我只好跑到宾馆前台问清了房间的具体位置，带他一起进去了。进去发现已经到的人中有因为发现 CP 破坏，也就是电荷－宇称破坏于 1980 年获得诺贝尔物理学奖的詹姆斯·克罗宁（James Watson Cronin，1931—2016）和欧洲核子研究中心（图 2-1）理论部的主任约翰·艾利斯（Jonathan Richard Ellis，1946—），我问他们也是自己找来

图 2-1　欧洲核子研究中心

的吗，两个人说费了不少劲才找到这么隐秘的一个房间。想想也是挺有意思的。

于是，我们几个“难兄难弟”就坐到了一起。吃饭过程中，忘记了是什么原因，有人问约翰・艾利斯最近媒体报道的欧洲核子研究中心的大型强子对撞机要造出黑洞这事靠不靠谱，约翰·艾利斯说根本不靠谱。我接着说，你们应该想办法造出黑洞来。约翰・艾利斯问为什么，我问道：霍金（Stephen William Hawking，1942—2018）比坐在我旁边这两位诺贝尔奖得主都有名而且水平也高得多吧？这两位诺贝尔奖得主赶紧点头说，是是，那是当然。我说那就对了，他比你们厉害，但是还没有拿诺贝尔奖，你们不觉得不好意思吗？两位乐了，说道：那我们也没有办法啊，关键在于他的黑洞蒸发理论还没有得到实验或者观测的证实，我们也帮不上忙啊！

我说这就是欧洲核子研究中心应该造出黑洞的原因，因为这种黑洞就是量子黑洞，根据霍金的理论应该很快蒸发爆炸掉，这个过程很容易观测到，这样霍金就能够拿到诺贝尔奖了。这两位诺贝尔奖得主立刻说，约翰，你们的确应该想办法造出黑洞，霍金拿到诺贝尔奖我们也就心安了！我马上说，别急，万一霍金的理论错了呢？如果造出的黑洞不蒸发，那就会开始吃东西，先是把欧洲核子研究中心吃掉，再把日内瓦吃掉，然后还会把地球吃掉，那就麻烦了！

乔治·斯穆特立刻站起来，走到房间门口，打开房间门左看右看，回来坐下说“很安全！”我问他在搞什么鬼，他说看看周围有没有今天到会的《纽约时报》的记者在偷听，如果有的话，明天《纽约时报》的头条肯定是：中国科学家预言人造黑洞会吃掉地球！2018年2月我在新加坡开会再次遇到乔治·斯穆特，聊起来，他还记得这件事，不过他狡辩说，是他看到我在鬼鬼祟祟地找不到地方才等我的。

那么问题来了，对撞机能够造出黑洞吗？霍金的黑洞蒸发理论是什么？如果霍金的理论有问题，黑洞真的会吃掉地球吗？我们将在这堂课上回答这些问题，也会讲一下目前天文观测发现的黑洞的情况、黑洞的火墙理论、爱因斯坦（Albert Einstein，1879—1955）为什么不相信黑洞等关于黑洞的有趣故事。通过这些故事，你对于黑洞（图2-2）的了解有可能会超过很多天文学家和物理学家。

图 2-2　黑洞：太空中的“怪物”

二、对撞机原则上可以造出黑洞，但是现在还不行

要回答对撞机能否造出黑洞这个问题，就首先得简单地说一下什么是黑洞。黑洞，就是任何东西，包括光线，一旦离它太近了，就必须被它吸进去而不能自拔，即使是两个黑洞，如果它们靠得太近了，也只能融为一体变成一个黑洞。2016 年 2 月 11 日，美国的激光干涉引力波天文台（Laser Interferometer Gravitational-Wave Observatory，LIGO）宣布发现的引力波就是两个黑洞不小心靠得太近了所产生的。根据广义相对论，当一个天体的密度超过了一个临界值，这个天体就变成了黑洞，如果把太阳这样质量的天体变成一个黑洞，就需要把它压缩到半径只有大约 3 千米的球体内。如果想把地球变成黑洞，就得把整个地球挤到半径不足 1 厘米的球内，这当然是太难了。在可以预见的未来，用这种办法还无法在实验室中造出黑洞。

根据狭义相对论，我们知道能量和质量是可以相互转化的，高能粒子对撞机里面能够产生各种各样的、平时在自然界并不存在的粒子，就是利用的这个原理。比如，对撞机加速一对正反粒子到很高的能量，它们相遇的时候就会湮灭，有可能把全部的能量用来产生新的粒子。原则上黑洞也是粒子，所以对撞机的高能正反粒子相遇也有可能产生出黑洞。但是由于引力只在宏观尺度上有作用，所以黑洞的质量不能太小，太小了量子力学效应就太强了，广义相对论就不能用了，也就没有前面讲的黑洞了。这个最小质量就是所谓的普朗克质量，大约是 20 微克，虽然看起来是很小的质量，但是仍然比目前最大的对撞机能够加速的粒子的最高能量高了大约 15 个数量级，也就是 10^{15} 倍，或者千万亿倍。当然在欧洲核子研究中心根本不可能造出黑洞，而且在

可以预见的未来，人类也无法掌握这样的加速器技术在实验室中造出黑洞。

三、霍金的黑洞蒸发理论其实道理很简单，但是还没有被证实

根据广义相对论，黑洞只会吞噬东西，不会辐射，也就是身体冰凉，凉到了温度等于绝对零度，是宇宙中温度最低的物体。但是根据热力学和量子力学，绝对零度是不可能存在的，那么问题出在哪里？天才的霍金想到了一个解决的方法。我们假设真空里面有一个黑洞，根据量子力学的海森堡不确定性原理，真空不能在所有时刻都维持能量为零的状态，但是平均起来真空的能量又必须为零，那么只有一个选择，就是真空不停地产生能量变成正反粒子对，产生之后又立刻湮灭把能量还给真空，我们把这样的正反粒子对称为虚粒子对。我们说虚，并不是说它不存在，而是说我们感觉不到它的存在，因为它们产生之后就立刻消失了。所以，我们说的真空实际上真的不空，而是热闹得很。但是别忘了，如果真空里面有一个黑洞，一对正反粒子中的一个粒子一不小心离黑洞太近了，就会掉到黑洞里面出不来，它的伴侣就无法和它相遇发生湮灭，它就只能离开这个区域。从远处看来，这个黑洞就在不停地产生粒子，这就是霍金辐射（图 2-3），也叫作霍金的黑洞蒸发。

整体上能量必须守恒，那么霍金辐射的能量就来自消耗黑洞本身的质量，黑洞就会变得越来越小。根据广义相对论和量子力学的计算，黑洞的质量越小，霍金辐射就越强，对应的黑洞的温度就越高。因此，根据霍金的黑洞蒸发理论，黑洞不黑、真空不空，这就解决了广义相对论和量子力学与热力学之间的矛盾，这是霍金对广义相对论、量子力学和

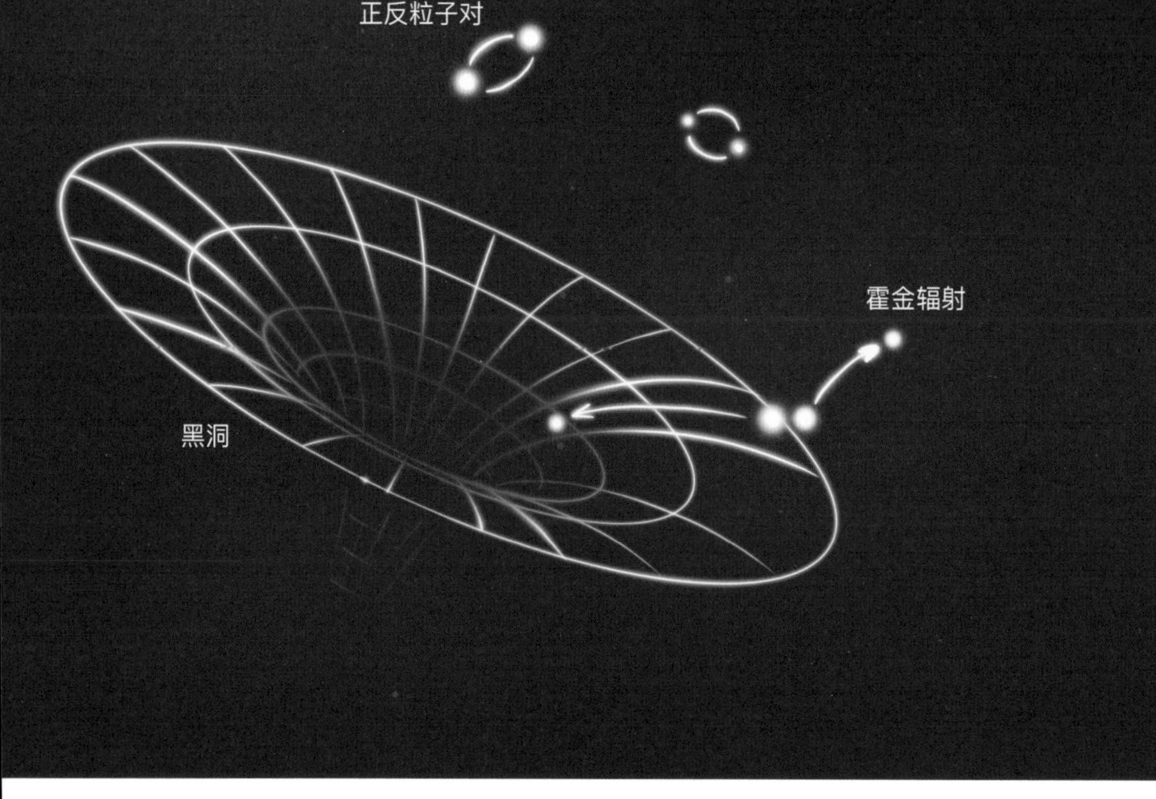

图 2-3　霍金辐射示意图

黑洞物理最重要的贡献，肯定是诺贝尔奖级的科学成果，如果能够得到实验或者观测的检验，我觉得霍金获得诺贝尔奖是毫无悬念的。

虽然霍金的黑洞蒸发理论非常伟大，但是我们还不知道其是否正确，因为还没有被天文学观测所证实。根据前一课“极简天文史”中所讲的宇宙大爆炸理论，宇宙早期物质和能量密度很高，而根据量子力学的不确定性原理，物质和能量密度必须有涨落，也就是有些地方高，有些地方低，而有些密度高的区域就一定会存在广义相对论预言的产生黑洞的条件，所以宇宙早期一定有很多黑洞。如果霍金的理论是正确的，这些黑洞就会产生霍金辐射，质量就会减小，温度就会升高，最后在质量接近普朗克质量的时候，温度就太高了，以至于发生爆炸，产生伽马射线。根据计算，如果宇宙早期产生的黑洞的质量是 10^{15} 千克，也就是 10 万亿吨重的话，恰好在今天发生爆炸产生伽马射线，那么，通过观测宇宙的伽马射线辐射就有可能探测到霍金辐射最后的爆炸。

很多年之前，伽马射线天文卫星观测到了宇宙弥漫伽马射线辐射，被认为可能来自黑洞的霍金辐射。但是，最新的伽马射线观测推翻了以前的结果，没有看到任何可能来自黑洞的霍金辐射，所以霍金辐射的预言还没有得到证实。有没有可能霍金的理论有问题呢？最近几年，有些学者，包括我的学生杨荣佳（现为河北大学教授）和我自己的研究表明，即使霍金辐射的原理是正确的，但是在黑洞通过霍金辐射质量减少到接近普朗克质量的时候，霍金辐射反而会逐渐减少以至于完全消失，最后形成一个不是黑洞的稳定粒子，其质量就是普朗克质量，而这样的粒子有可能就是我们目前正在搜寻的暗物质粒子。如果这样的理论正确的话，通过天文观测寻找霍金辐射的证据就会变得极为困难，因为黑洞在其他情况下产生的霍金辐射都太弱了，在可以预见的未来，没有办法被观测到。

那么，还有别的办法让霍金获得诺贝尔奖吗？我觉得还是有的。最近，有些物理学家开始在实验室里面造黑洞了，这种黑洞利用了声波和光在数学上的类似性，所以只是数学上的黑洞，也被称为声波黑洞。声波黑洞当然和宇宙中自然形成的黑洞不同，不会吞噬万物，所以不必恐慌。尽管如此，由于这种黑洞在数学上具有和真正的黑洞性质一样的视界，也就是物质一旦穿过去了就无法回来，实际上和黑洞的视界一样就是一个单向膜，可以用来研究霍金辐射。由于实验室中的真空也会发生量子涨落，产生的虚粒子对中的一个就可以穿过视界，另外一个粒子只能逃出去，那么在视界外面看起来，这个黑洞就在产生霍金辐射。目前已经有科学家声称探测到了声波黑洞所产生的霍金辐射，但是有些科学家认为证据不够确凿，所以仍然是有争议的。

尽管如此，我还是认为这是一个非常有趣和有前景的研究，至少通过实验的手段证明了数学上预言的视界是可以存在的，那么我们观测到的宇宙中自然形成的黑洞的视界的可信度就大大加强了，尽管我们无法直接观测到宇宙中的黑洞的视界。另外，实验室里面的声波黑洞没有我们的理论所预言的普朗克质量黑洞的霍金辐射消失的问题，因为实验室声波黑洞的视界的尺寸远远比普朗克质量黑洞的视界大，所以利用实验室声波黑洞观测霍金辐射的可能性就更大。目前，实验室黑洞的研究进展很快，实现数学黑洞视界的手段也越来越多，测量的精度也快速提高，因此我认为，在实验室中最终观测到霍金辐射的确凿证据应该不是太遥远了，我祝福霍金先生最终能获得诺贝尔物理学奖，弥补我们多年前在荷兰参加的那个晚宴上的缺憾（注：本书初稿成文于 2018 年年初，令人遗憾的是霍金先生于 2018 年 3 月不幸去世，最终也没有等到霍金辐射被实验或者观测所证实）。

四、黑洞在宇宙中除了贪得无厌地吞噬物质，还会干别的事情

虽然黑洞可能会在真空中产生霍金辐射，看起来还挺有牺牲精神的，燃烧了自己，维护了量子力学和热力学的权威性，但是仔细的计算表明，对于宇宙中经常出现的黑洞来说，它们的霍金辐射即使有的话，也是微不足道的，丝毫掩饰不了它们吞噬万物的凶恶本性。我们目前经常观测到的黑洞主要有两种。一种是大质量恒星演化到最后耗尽了中心的核燃料之后通过引力坍缩形成的黑洞，质量通常是几倍到几十倍的太阳质量，被称为恒星级质量黑洞，在银河系里面已经发现了几十个，也

包括我本人发现的一个重要黑洞 GRO J1655-40，它就会干很有用的事情。当然在每个星系里面都会有很多这样的黑洞，比如 2016 年 2 月 11 日美国激光干涉引力波天文台宣布发现的引力波信号就是这样的两个黑洞离得太近了产生的（图 2-4）。另外一种是位于几乎每一个星系中心的黑洞，比如银河系中心质量为 400 万倍太阳质量的黑洞［精确测量了这个黑洞质量的两个天文研究团队的负责人莱因哈德·根泽尔（Reinhard Genzel，1952—）和安德里亚·格兹（Andrea Ghez，1965—）与物理学家罗杰·彭罗斯（Roger Penrose，1931—）共享了 2020 年的诺贝尔物理学奖］，被称为超大质量黑洞，有些质量达到了 100 亿倍的太阳质量，这种黑洞一开始是怎么形成的还不是很清楚，但后来的确是吞噬了它所在

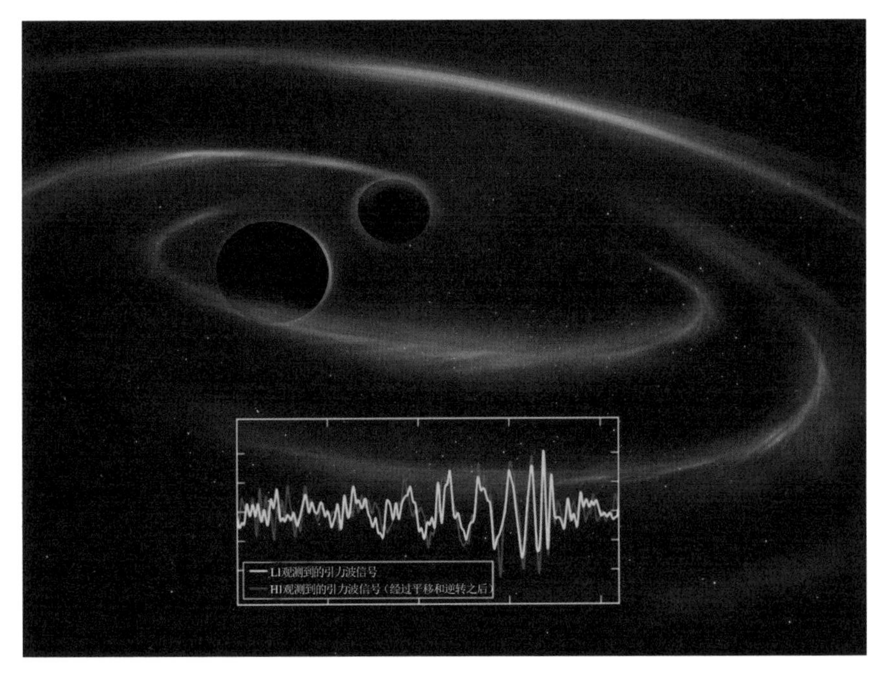

图 2-4　美国激光干涉引力波天文台发现的两个黑洞并合产生引力波

的星系的很多物质才长大了，尽管如此，它们在宇宙的演化中也是很有用的。

吞噬万物当然是黑洞的本性，只不过它们在吞噬的过程中不是绝对的贪婪，还会吐出一部分，有时候还会很壮观、很华丽地吐，比如产生相对论性的甚至极端相对论性喷流（图 2-5），也就是把比较靠近黑洞的物质以接近光速的速度沿着几乎固定的方向喷出去，用天文望远镜观测到的图像很像喷气式战斗机在晴朗的天空中留下的尾迹云。黑洞的尺寸其实非常小，比如 10 倍太阳质量的黑洞的直径只有几十千米，但是它

图 2-5　黑洞产生的相对论性喷流

喷出去的物质能够到达距离黑洞几十到上千光年远的地方，不但远远超过它自己的“势力”范围，而且远远超过形成原来那个恒星的物质分布的范围，相当于促进了整个星系的“文化交流”和物质交流。而超大质量黑洞产生的喷流的范围经常远远超过了星系本身的范围，甚至可以到达由几十个甚至几百个星系组成的星系团的外围，极大地促进了星系之间的“文化交流”和物质交流。另外一个有趣的现象是，观测发现，星系中心的超大质量黑洞的质量和整个星系的很多性质都密切相关，说明黑洞和整个星系是在相互帮助、相互促进的过程中一起成长的。

五、如果宇宙中的物质都落入了黑洞怎么办?

尽管黑洞在吞噬万物的过程中会吐出去一些，但是由于物质一旦进入黑洞就无法出来了，而霍金辐射又是可以忽略不计的，那么问题就来了：会不会宇宙中的物质最终都落入黑洞里面？如果都落入了该怎么办？

这其实是很复杂的问题，实际上不仅仅取决于黑洞是否足够“善良”，还取决于宇宙演化的方式，也就是取决于暗物质的性质和暗能量的本质，主要是由暗能量决定的。由于我们目前还不理解暗能量到底是什么，所以还不能确定宇宙中的物质是否最终都会落到黑洞里面去。但有一点是肯定的，在遥远的未来，每一个星系（比如银河系）里面所有的物质都会落入这个星系中各种各样的黑洞里面，以后的星系里面就只有黑洞了，星系和星系之间可能会有一些流浪的物质飘在黑洞的外面。我把这样的宇宙称为充满黑洞的宇宙。这样的宇宙当然很无趣，我不喜欢这样的宇宙。

那么，有没有办法拯救这样的宇宙，或者说避免我们的宇宙变成这样？一个办法就是利用白洞。白洞的性质和黑洞恰好相反，物质只出不进，所以如果在黑洞和白洞之间建立时空隧道，让进入黑洞的物质从白洞冒出来，那就解决这个问题了，我们的宇宙就可以避免成为一个充满黑洞的宇宙。但是麻烦在于，天文学家还没有发现宇宙中存在白洞的任何证据，我们甚至都不知道宇宙中有没有什么机制或者方法形成白洞，所以目前还没有办法解决这个问题。

我本人倒是有一个方案来解决这个问题，就是利用我们自己提出的黑洞理论。2009 年，我当时的学生刘元（现为中国科学院国家天文台研究员）和我一起在欧洲的学术刊物《物理化学杂志 B 辑》（*Journal of Physical Chemistry B*）上发表了一篇文章，在广义相对论的框架下精确计算了物质向黑洞下落过程中会发生什么。我们的结论和前人所普遍接受的结论非常不同。根据我们提出的黑洞理论，真实宇宙中的黑洞中心并没有一个发散的奇点，物质进入黑洞里面之后当然也不会到达中心的那个地方。我们的这个理论预言了两个黑洞并合只会产生引力波，不会产生其他任何辐射，这已经被最近的引力波的发现所证实。根据我们的黑洞理论，如果给黑洞的视界一个扰动，或者剥开黑洞的视界，原来进去的物质就可以从黑洞里面出来，实现宇宙物质的循环，避免出现一个很无聊的充满黑洞的宇宙。这就是我提出的“宇宙物质再循环猜想”，发表在纪念伽利略发明天文望远镜 400 周年的学术专著《天文学革命——仰望星空 400 年》中，这个猜想还有待于未来的天文观测所验证。

六、爱因斯坦不相信宇宙中存在黑洞，而有人说黑洞里面有火墙

爱因斯坦是量子力学的奠基人之一，他较好地解释了光电效应现象，并且因此获得了诺贝尔物理学奖。但是爱因斯坦认为量子力学的基础不完备，对量子力学进行了持续多年的质疑，最终发现，如果量子力学正确的话，就会出现量子纠缠这样不可思议的荒谬结果。尽管大家并不理解量子纠缠背后的深刻根源，但是量子纠缠现象已经被大量的实验所证实。爱因斯坦在这件事上的确是错了，但是他的错误造就了一个新的领域以及未来可能极为重要的技术应用。

爱因斯坦非常欣赏卡尔·史瓦西（Karl Schwarzschild，1873—1916）给出的他的广义相对论场方程第一个解析解，也就是黑洞的解。这个解最重要的两个性质，一个是黑洞的视界，另一个是黑洞中心的奇点。爱因斯坦不认为视界的存在有什么问题，但是他认为自然界中不能有发散的物理量，因此爱因斯坦认为史瓦西解仅仅是一个数学上的解，不能对应自然界的天体，必然还有尚未发现的物理规律阻止黑洞的形成，在真实的宇宙中不会有黑洞的存在。

我前面讲了，我们的黑洞理论得到的结果恰好是，黑洞的视界可以存在，物质可以越过黑洞的视界进入黑洞，但是在进入黑洞之后则不会到达黑洞的中心。由于我们已知的宇宙中形成黑洞的唯一机制就是物质在引力作用下的下落和坍缩，所以我们的理论很自然地说明了宇宙中的黑洞中心就不会有奇点。因此，在这件事上爱因斯坦也错了，我们并不需要新的物理规律阻止黑洞奇点的形成，在广义相对论的框架下，真实宇宙中的黑洞就是只有视界没有奇点的天体。

黑洞除了有神秘的视界之外，有些理论家还预言黑洞里面有一堵火

墙，即使宇航员能够成功地穿越黑洞的视界，也会被黑洞里面的火墙烧死。其实黑洞的火墙理论很有趣，其动机是解决霍金提出的黑洞造成的信息丢失问题。根据量子力学，信息不会无缘无故地消失，但是广义相对论所预言的黑洞，不但吞噬万物，而且把万物所携带的各种各样的信息也一起都消灭了，因为黑洞只能具有三个性质，也就是质量、自转和电荷。而进入黑洞的物质的信息就丰富得多了，所以霍金对这一点很不满，一直致力于解决黑洞的信息丢失问题，但是并没有取得最终的成功。黑洞火墙理论的前提就是假设信息守恒，这样必然导致物质在进入黑洞的视界的过程中，在黑洞的视界附近产生高能粒子，这些粒子携带了原来的物质的信息，如果把视界剥开，这些信息就会出来，维持信息守恒。

由于在黑洞的视界附近有这些高能粒子存在，相当于有一堵温度极高的火墙，那么，当宇航员试图进入黑洞的时候，就会遇到这个火墙，除非采取适当的防护措施，否则无法避免被火墙烧死的命运。如果这一堵火墙真的存在，那么到黑洞旅行就会变得极为危险，因为我们目前并未掌握安全的防护措施。

那么，黑洞的火墙是否真的存在？答案是我们并不知道，这仍然是黑洞研究的一个重要问题。在这个问题解决之前，还是不要去黑洞旅行为妙！

第三课　天文学与科学方法

这一课将介绍天文学的研究如何建立了现代科学研究方法以及产生了现代自然科学。我不想沿用传统的科学哲学和科学方法论的那些“套路”进行介绍，而是想通过几个故事和科学史上的几个关键人物的贡献，以及最近社会上关于中国传统文化和科学之间关系的大辩论，让大家读了之后能够有比较深刻的印象。

一、三个故事：普京、大辩论和我在英国留学

我首先从一个关于普京的故事开始。

俄罗斯和德国计划联合研制一个以暗能量为主要研究目标的空间 X 射线天文卫星。多年前暗能量的研究刚刚兴起，时任俄罗斯总理的普京在听取了关于这个项目的介绍后说，我听说过暗能量，好像很有趣，但是我想知道暗能量有用吗？暗能量危险吗？俄罗斯科学家一时不知道该怎么回答，会场的气氛就有点儿尴尬了。在场的德国科学家通过翻译知道了普京的问题后回答说：“总理先生，您的问题很重要也很深刻，

然而我们现在还真的不知道暗能量是否有用、暗能量是否危险，因为我们还不理解暗能量到底是什么。不过，在 100 年前，如果您问爱因斯坦相对论是有用还是危险，爱因斯坦一定回答不知道，因为当时看起来相对论和人类的技术和生活一点关系都没有。但是今天我们知道，相对论既有用，也危险。”据说普京对这个回答很满意。现在，核电站、医院里治疗癌症的加速器、我们每天使用的北斗卫星导航系统（BDS）等都离不开相对论的应用，所以相对论很有用。原子弹和氢弹这些核武器也同样是相对论的应用，所以相对论也是危险的。那么问题就来了：科学的目的到底是什么呢？科学到底是什么呢？

第二个故事是 2017 年 2 月 25 日在北京举行的一场包括我在内的三位学者之间的大辩论（图 3-1），现场座无虚席，气氛热烈，直播还有超过 27 万人“围观”，网上更是有几万条的网友评论，我也因为这场辩论获得了第三届“百名网络正能量榜样”称号。学者之间的学术辩论通常都是“高冷”的，这样被“围观”也许是史无前例的。那么为什么会有这样一场大辩论？

故事要回到大约 1 年前，2016 年 4 月 18 日，全国印发《中国公民科学素质基准》，该基准涵盖了中国公民需要具有的科学精神，需要掌握或了解的知识，以及需要具备的能力，其中明确将“知道阴阳五行、天人合一、格物致知等中国传统哲学思想观念，是中国古代朴素的唯物论和整体系统的方法论，并具有现实意义”作为其 132 个基准点之一。《中国公民科学素质基准》一发布，不仅仅在学术界内部，而且在公众中都引起了巨大的争议。争论的一方认为，这些中国传统哲学思想观念，与科学没有关系，不应该放到《中国公民科学素质基准》里面；而另一方则持截然相反的观点。这场争论持续发酵，终于在 2017 年 2 月 25 日的

图 3-1　一场学术辩论

这场大辩论中达到了高峰。辩论的一方是我，另一方是旗帜鲜明地持相反观点的代表人物——中国科学院大学人文学院教授、著名天文史研究专家孙小淳，辩论的主持人、“劝架”者是清华大学教授、著名科学史和科学哲学专家吴国盛。

那么，这场大辩论双方所持的观点是什么？就是要回答：科学到底是什么？“天人合一、阴阳五行”和科学是什么关系？事实上，杨振宁先生也曾经高调批评《周易》以及其中的“天人合一”观念，引起了很大的关注和争议，这又是为什么？在本文的后半段，我将做出我的解读。

《论语·子路》中孔子有一句话：“君子和而不同，小人同而不和。”意思是说，君子在人际交往中能够与他人保持一种和谐友善的关系，但在对具体问题的看法上却不必苟同于对方。小人却习惯于在对问题的看法上迎合别人的心理，附和别人的言论，内心深处却并不抱有一种和谐友善的态度。事实上，孙小淳教授和吴国盛教授都是我非常尊敬的学者，他们也和我是很好的朋友，我们相互之间非常尊重，辩论之后仍然如此。我们的这次辩论也完美地诠释了孔子所说的“君子和而不同”。

第三个故事是关于我自己的。我于1984年从清华大学本科毕业，在中国科学院读了两年研究生之后到英国留学读博士。在英国与老师、同学讨论问题的时候，他们常常会问起某个研究工作的“科学是什么”，我每次听到都是一脸茫然。我知道物理是什么、化学是什么、生物是什么、天文是什么，但是出国之前从来没有听到过“科学是什么”这个问题。甚至在我博士研究结束的时候，我申请了美国的一个博士后位置，一位美国教授路过英国来面试我，问起了我的博士论文里面某个研究的科学是什么，我仍然回答不上来。这时候我才意识到，我在国内接受了那么多年的教育，甚至是国内一流的教育，但是只学到了科学知识，并不知道科学是什么，从来没有人告诉过我科学是什么。可以说，以前中国的教育体系里面就几乎没有涉及这个问题。当然我在美国做了多年的科学研究，指导了不少研究生的科学研究，也在大学教授了一些科学的课程，我认为自己算是终于理解了什么是科学。

后来回国工作，在和朋友、同事们聊起科学的时候我发现，不少人虽然从事科学研究工作，但是对于“什么是科学”这个问题，往往也只能给出含含糊糊的回答。比如，我曾经问过一些人“科学的目的是什么?”很多人的回答是：造福人类。这个答案对吗？可以说不完全对，甚至可以说完全不对。但是如果说中国社会缺乏科学，似乎又完全说不过去。我们多么崇尚科学啊！“向科学进军”“勇攀科学高峰”，曾经是响彻中国大地的口号，对中国古代伟大的科技成就，我们也深感自豪。甚至我们把一切好的、合理的东西，都说成是科学的，把不好的、不合理的东西，一律说成是不科学的。

为了理解这些问题，我们就需要首先梳理一下科学是怎么产生和发展的。

二、从亚里士多德到伽利略、牛顿、爱因斯坦和霍金

我很喜欢讲美学，基本上每次都从苏格拉底（Socrates，公元前469—前399）、柏拉图（Plato，公元前427—前347）和亚里士多德师徒孙三代讲起。但是讲到自然科学的起源，我一般就只需要从亚里士多德讲起了，因为亚里士多德是形而上学和物理学的创始人。我不讲欧几里得（Euclid，公元前330—前275），并不是说他的几何不重要，没有从欧几里得几何出发的公理化的数学逻辑，当然就没有今天的科学，这一点我在后面还会提到。但是，在柏拉图时代，希腊的哲学家对自然的思考和推测主要是诗情画意的，亚里士多德首先开创了逻辑论证的思辨研究，并且把他的理论应用到对自然现象的观察上，认为自然现象背后的原理就是物理，这在方法和哲学理念上是一个巨大的突破。因此可以说，亚里士多德对后世哲学的影响无人能及，他被称为物理学的鼻祖并不过分。尽管他的物理学理论被证明是错误的，但是科学不就是在推翻或者修改过去的理论的过程中发展起来的吗？

然而，亚里士多德坚持认为对自然的研究只能观察，而人不能介入，也就是说不能人为地改变自然，不能创造人为的环境。他的这个理念是后来科学发展的严重阻碍。一直到大约2000年之后，亚里士多德的这个理念才被伽利略所突破。关于伽利略对科学的贡献，爱因斯坦评价极高，认为他是开创现代科学的第一人，指的就是伽利略创立了实验科学，开启了一个新的科学革命时代。我在“极简天文史”那一课中讲过，正是伽利略发明了天文望远镜，使用天文望远镜对太阳系的精确观测才最终判了地心说的死刑，彻底建立了日心说。而大家熟知的伽利略通过实验手段对自由落体运动的研究，对物理学的发展有着深刻和长远的影响。

伽利略通过对自由落体运动和斜面运动的实验研究，得到了自由落体运动（图 3-2）是匀加速运动的结论。考虑到当时无法在真空中做实验，空气中的自由落体不可能是精确的匀加速运动，伽利略得出这个结论实在是太具有洞察力了。根据这个结论，伽利略推测出了抛物线运动的方程，然后通过实验验证了这个推测，而这也是对科学方法的一个重要发展。

伽利略对科学方法的另外一个重大贡献是假想实验或思想实验。这里我举两个例子。一个是相对性原理。伽利略说，设想一个人在匀速运动的船里，如果不看船的外面，就无法知道船是否在运动，也就是说，所有匀速运动的参照系都是等权的，其中的物理规律是一样的，这就是著名的伽利略相对性原理。第二个是惯性原理。伽利略说，设想有一个球从一个完全没有阻力的斜坡上往下滚，球做匀加速直线运动，然后逐渐降低坡度，球的加速度就会越来越小，当斜坡完全水平的时候，球就只能做匀速直线运动了。这个时候球在运动方向上没有受到任何力，不受力的物体必须保持静止或匀速直线运动，这就是后来被称为牛顿第一定律的惯性定律。事实上，爱因斯坦正是利用伽利略的假想实验方法，才提出了广义相对论的基石——等效原理。显然，到这里，现代科学方法的逻辑化、定量化和实证化已经基本建立了。

尽管伽利略对科学贡献巨大，但是科学革命的高峰是艾萨克·牛顿（Isaac Newton，1643—1727）实现的。牛顿发明了微积分[①]，通过实验证实了他推测的白光是由多种颜色的光组成的（图 3-3），发明了反射式望远镜，而这几乎是所有现代大型天文望远镜的选择。当然，牛顿对科学的最大贡献是其力学理论，包括牛顿三定律和万有引力定律。尽管牛顿

① 尽管历史上针对莱布尼兹（Gottfried Wilhelm Leibniz，1646—1716）和牛顿关于微积分的发明权有过激烈的争议，但是至少牛顿独立发明了微积分是无可争议的。

图 3-2　伽利略的比萨斜塔实验

图 3-3　牛顿通过棱镜发现白光是由多种颜色的光组成的

第一定律就是伽利略的惯性原理，而牛顿第二定律，也就是加速度定律实际上是伽利略的斜坡假想实验结果的数学表述，但是牛顿第三定律，也就是作用与反作用定律，以及万有引力定律则是牛顿的原创[①]。作为那个时代的集大成者，把前人的成果和自己的原创结合起来，牛顿就创立了人类历史上第一个系统的自然科学理论。也正因此，牛顿至今仍然稳坐现代自然科学大师的第一把交椅。

从科学方法或科学思想的角度来说，牛顿对科学的贡献也是巨大的。牛顿在《自然哲学的数学原理》中做了大量的演绎，也就是推导计算，严格地得到了开普勒三定律。要知道，在牛顿之前，人们对于开普勒第一定律，也就是行星围绕太阳做椭圆轨道运动（图 3-4），基本上普遍接

① 尽管历史上对胡克（Robert Hooke，1635—1703）是否首先发现了“吸引力和两中心距离的平方成反比”有争议，但是至少牛顿首先把这个规律用在解释地球以外的现象，比如太阳系内行星的运动。

受。但是对于开普勒第二定律和第三定律还是有不少争议的，毕竟当时的天文观测精度有限，而且每一个行星的运动实际上也受到了其他行星的影响，也因此没有人能够从更深刻的层次去解释开普勒三定律。但是牛顿做到了，他第一次从更深的层次，用今天的话说，就是从第一原理推导出了开普勒三定律，到这个时候，就几乎没有人再怀疑开普勒三定律的正确性了。可以说，牛顿创立了一种科学研究的范式，也就是从更基本的科学原理推导或者理解已有的经验规律或科学规律，而这种范式在今天仍然是科学家的最高追求。但是，牛顿对科学方法和科学思想更重要的贡献，则是把在地球上得到的科学规律应用到地球以外的天体乃至整个宇宙，也就是认定了科学规律的普适性，而前述对开普勒定律的推导正是这种思想的体现。从此，就开创了对宇宙的运行规律及其背后的物理原理进行研究的现代天文学与天体物理。

尽管牛顿从他的力学理论推导出了开普勒定律在科学史上非常重要，但是海王星的预言和发现彻底扫除了人们对牛顿的理论的怀疑。自从 1781 年天王星被发现后，天文学家发现，它的运行总是偏离根据牛顿的理论计算出的轨道,这使得人们开始怀疑是不是牛顿的理论有问题，甚至都开始怀疑日心说有问题。然而，有两个人按照牛顿的理论经过严格的计算，分别于 1845 年和 1846 年预言应该存在一颗以前未知的天体影响天王星的运行轨道。很快，这个天体就在预言的位置上被发现了，这就是海王星。这是人类历史上第一次通过科学理论的演绎计算预言了一个天体，而且预言被观测所证实。从此，科学理论的预言能力就成为检验一个科学理论好坏的重要标准。今天的科学界公认，如果一个理论不能做出可以被观测或被实验检验的定量预言，这个理论就不是一个科学理论。有的科学家甚至说，不能做出可被检验的预言的理论，不但不

图 3-4　行星围绕太阳运动

是一个科学理论，甚至可能是伪科学理论。

尽管海王星的发现是牛顿理论的伟大胜利，但是从牛顿开始的追求更深层次、更基本的科学规律的科学研究，从此就一发而不可收。爱因斯坦在发现了狭义相对论之后，立刻就意识到了牛顿理论里面力的瞬时作用的性质违反狭义相对论。比如，按照万有引力定律，两个物体之间有引力作用，一个物体只要一动，另外一个物体就瞬时感受到了它的引力的变化，而狭义相对论要求任何信息的传递速度都必须不大于真空中的光速。爱因斯坦同时也注意到，水星的轨道近日点，也就是最靠近太阳的那一点随时间的进动（图 3-5）和牛顿理论的预言有明显的差别。这就表明，牛顿的理论存在缺陷，需要新的引力理论，这就是爱因斯坦发现的广义相对论，能够完美地解决前面所说的两个问题。作为一个科学

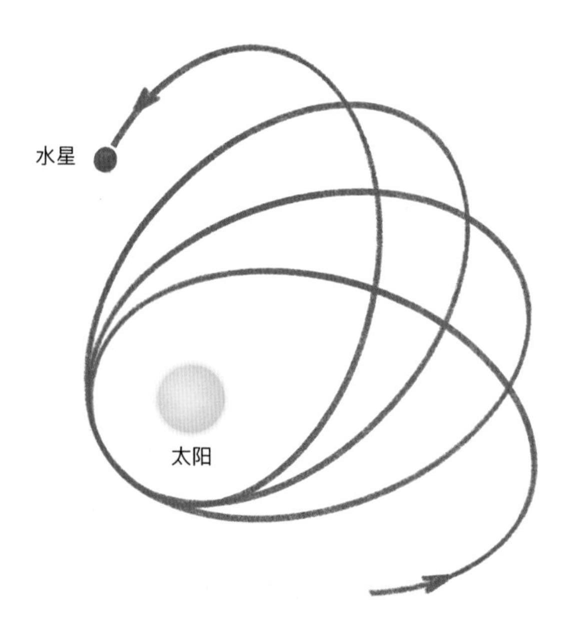

图 3-5　水星近日点进动

理论，广义相对论能够做出大量的能够被检验的定量预言，包括光线偏折（图 3-6）、黑洞、宇宙膨胀、引力红移、引力波等。截至目前，所有这些预言都被观测或实验所验证了，说明广义相对论是比牛顿理论更深刻、更基本的理论。

图 3-6　光线偏折

但是霍金发现，广义相对论和另外一个重要的科学理论——量子力学之间存在矛盾，于是提出了著名的黑洞蒸发理论，也就是霍金辐射。这个理论也能够做出可被观测或实验验证的预言，但是目前这些预言还没有被证实。关于霍金辐射的详细介绍，请参考“极简黑洞”那一课中的有关内容。因此，从牛顿到爱因斯坦再到霍金，人类一直在追求最深刻、最基本的科学理论，刨根问底，永不停息。

三、科学的三要素：目的、精神和方法

我们前面介绍了从亚里士多德到伽利略，从伽利略到牛顿，再到爱因斯坦和霍金，科学研究的方法是如何建立起来并得到发展的，发展出了逻辑论证、演绎推导、假想实验、实验科学、普适规律、科学理论的预言能力等科学方法、科学理念和科学思想。在这个过程中，确立了日心说的正确性，建立了牛顿力学体系，发现了广义相对论，提出了黑洞蒸发理论，试图建立统一量子力学和广义相对论的更加深刻与基本的物理学理论。到此，我们就可以对科学的要素进行总结，回答“科学是什么”这个我在英国博士毕业时都还不理解的问题。

科学有三个要素，也就是科学的目的、精神和方法。科学的目的非常简单，就是发现规律，可以是自然界的规律，可以是人造实验室里面物质或任何实验对象表现出的规律，可以是人的行为的规律，可以是社会现象的规律。至于使用科学做什么，那属于技术层面的问题。这是科学和技术的区别。可以利用科学产生技术造福人类，也可以利用科学产生技术毁灭人类。

科学的精神由三个词组成，即“质疑”“独立”“唯一”。质疑指的是寻找已有的规律不适用甚至失败的地方，比如前面讲的爱因斯坦质疑牛顿理论的瞬时作用，以及在解释水星近日点的进动上的问题。需要澄清的是，质疑和怀疑是不同的。简单地说，怀疑就是不相信或者不喜欢，并不需要证据或者不寻找证据，比如很多人并没有找（到）广义相对论失效的证据，只是从理念或者哲学方面批评广义相对论，这不是质疑广义相对论，而是怀疑广义相对论。独立指的是科学规律独立于研究者，也就是只要遵循科学研究的方法，不同人得到的结果应该是一致的。唯

一指的是科学规律的唯一性，也就是不同人最后都会得到不但同样而且唯一的科学规律，因此并不存在所谓的中国的科学和外国的科学，也不存在所谓的东方科学和西方科学，科学就是科学。科学理论可以是正确的，也可以是错误的，有的科学理论适用范围广，有的科学理论适用范围小。因为质疑，所以科学理论也是在不断发展中的，但是与科学的独立性、唯一性没有矛盾。

科学的方法由三个词组成，即“逻辑化”“定量化”“实证化”。逻辑化就是要符合逻辑论证。定量化是指必须能够进行演绎，也就是推导和计算。实证化就是必须能被实验或者观测所证实，一方面，需要符合已有的实验和观测结果；另一方面，需要做出能够被验证的定量预言。很多学者接受广义相对论的根本原因正是这个理论的预言能力极强，而且几乎所有的重要预言都已经得到了实验或者观测的检验。

是否满足科学的目的、精神、方法这三个要素，是判断一个理论是否是科学理论的充分必要条件。换句话说，一个理论或者学科只要具有这三个要素，那就属于科学；但是，只要缺少了哪怕三个要素其中的一个，就不是科学，但是仍然可以是学术研究，仍然可以非常重要。比如，今天我们所说的哲学就没有定量化和实证化，尽管科学方法的逻辑化来源于希腊哲学。数学很难说是寻找规律，而且也不能实证化，尽管科学方法的定量化必须使用数学。所以从严格意义上来说，哲学和数学都不是科学，但是仍然是学术研究，而且是非常严肃和重要的学术研究。科学研究只是学术研究的一部分。我们并不能说科学比哲学或者数学重要，它们之间没有高低贵贱之分。再比如历史、文学、艺术、工程技术等学科也不是严格意义上的科学，但是都非常重要。事实上，很多学术研究在不少层面上可能都比科学研究更加重要。

图 3-7　两小儿辩日

四、中国传统文化、技术与科学的关系

在这部分，我将重点解释中国传统文化、技术与科学的关系。首先让我们看看两个在中国流传了两千多年的故事。

我自己大概是在小学末和初中的课堂上知道了“两小儿辩日”（图3-7）的故事：孔子东游，见两小儿辩斗，问其故。一个小孩认为日出的时候太阳离我们近，理由是早晨看起来太阳比较大；而另一个小孩认为中午的时候太阳离我们近，理由是中午太阳更热。他们向孔子求证，孔子回答说，我也不知道。两个小孩笑了，说原来你并不比我们知道的多啊！事实上，到底是早晨还是中午太阳离我们比较近，肯定只有一个答案，但是这个故事没有得到这个答案就结束了，而且这个答案中国人始终也没有得到，也没有试图得到。[①] 至于故事里面谈到的现象，本来是严肃的地球大气科学、光学、测量学等科学问题，但是两千多年以来在中国一直没有作为科学问题进行系统的研究，个别人的思考的零星结论也没有流传下来并广为人知，“两小儿辩日”反而作为孔子的笑料广为流传。

这是一个以诡辩代替刨根问底、以赢得辩论代替追求真理的典型案例，反映了中国传统哲学的一个特点。

---

① 并不是说中国历史上真的没有人思考甚至研究过这个问题，而是指在我们中国的集体文化里，并没有在乎这个答案。

图 3-8　杞人忧天

“杞人忧天”（图 3-8）的寓言故事在中国更加深入人心：杞国有人忧天地崩坠，身亡所寄，废寝食者。“杞人忧天”也已经成为脍炙人口的成语。意思是，杞国有人整天担心天会不会塌下来，地会不会陷下去，因此得了抑郁症，不能安心吃喝，也睡不好觉。于是另一个人，用今天的话说，就是心理咨询师，来看望并开导他说，天就是由气组成的，你呼吸自如，也在其中行走自如，怎么会担心天塌下来呢？而他仍然担心，既然天是气，那么日、月、星为什么不掉下来呢？开导他的人说，日、月、星就是气里面的光，就是掉下来也伤不着人，没事儿。他继续担心：那地要是陷下去了呢？开导他的人应答如流，说，地就是大块儿的东西，结实得很，你天天在上面走，怎么会担心地会坏掉呢？他终于不担心了，吃嘛嘛香，睡得烂熟，抑郁症也治好了。这个故事也就结束了。

事实上，气、日、月、星和地为什么不掉不塌不陷，都是严肃的大气科学、天文学、力学和地球科学等科学问题，但是两千多年以来，“杞人忧天”在中国更多的是作为嘲笑不切实际的人的笑料而广为流传，而很少有人将其作为科学问题进行研究。

这是一个以自圆其说代替刨根问底、以实用主义代替追求真理的典型案例，反映的是中国传统文化的一个特点。

这两个故事说明，我们的传统文化中缺少刨根问底和追求真理的元素，而我们满足于通过诡辩赢得辩论，通过自圆其说形成理论，一切以实用主义为最终目的。

中华文明无疑是伟大的，是人类文明的重要组成部分，而且是人类五大古文明中唯一延绵至今的文明。但是，在谈到中国古代的造纸术、指南针、火药和活字印刷术这四大发明的时候，我们通常都说是四大科学发明或者四大科技发明。实际上，这四大发明尽管非常伟大，是中国对人类文明的重要贡献，但它们都不是科学，而只是技术。由于我们的祖先没有刨根问底地去研究这些技术背后的规律，因此不但没有发展成为化学、电磁学、地球物理、自动化等科学学科，而且当时先进的技术也逐渐被西方超越。事实上，中国古代的天文观测在很多方面也比西方发达，但是在我“极简天文史”那一课中所总结的人类认识宇宙的七次飞跃中都无所作为。在理论方面，中国古代的天文发展成了占星术，通俗的说法就是算命，直到今天仍然非常流行，但是没有发展成为现代意义上的天文学。在技术方面，中国古代的天文主要是服务于农业，有了历法和二十四节气就停止发展了，没有产生现代科学。

中国并不缺乏思想家，也不缺乏对整个宇宙的思考。但是，中国传统文化强调的是人和自然、人和宇宙的关系，也就是所谓的天人合一，并不重视探索统治自然和宇宙的规律，更不重视研究可以实证的规律。中国的传统思想家满足于形成一套可以自洽的思想体系，而不重视思想体系对自然现象的解释、应用以及预言新现象。因此，这些思想体系不能也没有被发展成为真正的科学理论。所以，中国传统文化中缺少基本的科学理念，也就是任何现象都受基本规律的制约。毋庸置疑，中国古代的技术曾经领先世界，对整个人类文明做出过辉煌的贡献。中国古代的农学、药学、天文学、数学等都曾经世界领先，但是在这些方面强调的是实用性，都是在总结经验的基础上产生一些实用的知识，而没有对这些知识做进一步理性、系统的整理和抽象概括，探索内在规律，使其成为系统的科学理论。

因此，中国古代没有产生科学理论的一个重要原因在于，中国古代的技术极端强调实用性。但是实用性眼光不够远大，设定的发展空间极小，一旦现实不提出直接的要求，它就没有了发展的动力。这一点和西方所开创的科学体系完全不同。科学不以实用为目的，为追求规律而追求规律，这就为科学的发展开辟了无限的空间，形成了一次又一次的科学革命。而科学革命最终，可能是几十年甚至上百年之后，带来了一次又一次的技术革命，这在天文学以及现代科学与技术的发展历史中都得到了清楚和生动的展示。我最开始讲的关于普京的故事中德国科学家所举的爱因斯坦的相对论就是一个典型的例子。

五、杨振宁为什么批判《周易》和“天人合一”？

关于中国古代为什么没有产生科学，爱因斯坦曾经这样解释过，古代中国学者不懂得形式逻辑体系和实验验证，因此没能发展出科学毫不奇怪。杨振宁持有类似的观点，而更把问题的矛头直指《周易》和“天人合一”。我下面基本上直接引用笔名为方舟子的方是民先生的总结，只做了个别的补充和修改。

2004 年 9 月 3 日，杨振宁在人民大会堂举行的 2004 文化高峰论坛上做了题为“《易经》对中华文化的影响”的演讲，认为“《易经》影响了中华文化中的思维方式，而这个影响是近代科学没有在中国萌芽的重要原因之一”。同年 10 月 23 日，在清华大学举办的中国传统文化对中国科技发展的影响论坛上，杨振宁再次阐明自己的观点并与参会者进行了激烈的辩论。

杨振宁认为近代科学没有在中国产生的原因有五条，其中两条与《易经》的影响有关：一是中国传统里面只有归纳法而无推演法（也就是演绎法）的思维方法，二是“天人合一”的观念。归纳与推演都是近代科学中不可缺少的基本思维方法，但是贯穿《易经》的精神都是归纳法，而没有推演法。杨振宁所说的推演法和《易经》里面的算卦毫无共同之处，杨振宁指的是逻辑推理，根据一些已成立的一般性命题严密地逐步推导出较特殊的结论，例如在欧几里得几何中，由公理、定理到证明等，又如前述的牛顿通过他的力学理论推导出了开普勒三定律。近代科学的一个重要特点就是把自然规律与社会规律分开，而《易经》的“天人合一”观念却将天道、地道与人道混为一谈。

可见，杨振宁和爱因斯坦一样，把古希腊哲学家发明的形式逻辑体系视为近代科学的源泉之一，并认为中国古代文化缺少这个源泉。杨振宁说，“中国传统对于逻辑不注意，说理次序不注意，要读者自己体会出来最后的结论”。方是民先生进一步认为，实际上，中国传统中不仅缺少合乎逻辑的严密推演法，也缺少合乎逻辑的严密归纳法。杨振宁认为《易经》的“取象比类”“观物取象”是归纳法，其实这是在“天人合一”的神秘主义观念指导下的不合乎逻辑的类比法。

天人合一、阴阳五行是什么，不是什么？关于天人合一，前面已经讲了，这里就不重复了。阴阳五行，可分为“阴阳”与“五行”，两者相辅相成，五行必合阴阳，阴阳说必兼五行。阴阳五行是中国古典哲学的核心，为古代朴素的唯物哲学。阴阳，指世界上一切事物中都具有的两种既互相对立又互相联系的力量；五行即由木、火、土、金、水五种基本物质的运行和变化所构成，它强调整体概念。阴阳与五行两大学说的合流称为阴阳五行，形成了中国传统思维的框架，在春秋战国时期有很大的发展。这些理论的提出，使人们对自然的认识在一定程度上摆脱了过去的神学和巫术，不再用神的情感好恶（也就是宗教神话）来解释自然现象，也不再通过讨好神灵、贿赂神灵（也就是巫术）的办法来改造和利用自然，而是用自然主义的概念来认识自然世界。例如，解释地震，不再说是乌龟动怒摇身，而是说“阴阳之气相逼”。四季的更迭、事物的消长、人体的节律、社会的变化等，都试图用阴阳五行的概念来解释。因此，本课开始介绍的那场大辩论中的孙小淳教授认为，天人合一、阴阳五行是中国古代认识自然和社会，在理论和方法上的划时代的进步，应该写入《中国公民科学素质基准》。

很显然，尽管天人合一、阴阳五行是中国传统文化和哲学，与之前的观念相比有了巨大的进步，但是至今一直停留在原来的水平上，对于人类认识自然、揭示自然规律，并且一步步发展出更加深刻、基本的科学规律并没有提供实质上的帮助。在解释自然、人体和社会现象的时候，基本上就是在做各种各样的诡辩、牵强附会和自圆其说，不但逻辑化本身不完整，而且没有严格和精确的定量化，更没有任何实证化，这和前面介绍的从亚里士多德创立的形而上学和物理学开始，发展到今天的科学有着本质的区别。

因此，今天看来，天人合一、阴阳五行是传统，是文化，是哲学，比起相信宗教神话、巫术和鬼怪是很大的进步。所以，历史地看，是当时的伟大的思想，值得骄傲，值得宣传。但是，天人合一、阴阳五行和我们今天所说的科学没有关系，不是科学，也没有产生科学，当然也不能指导科学，以后也不会产生科学，其根本原因就是我们前面所讲的，中国的传统文化里面缺少科学的元素。直到今天，中国的教育体系里面仍然很少涉及科学的要素可能就有这个原因。因此，我认为天人合一、阴阳五行不应该写入《中国公民科学素质基准》，但是应该写入《中国公民传统文化素质基准》。

要想学习和理解科学是怎么产生和发展的，我们必须回到古希腊的哲学、数学和物理学；要想理解科学是什么，我们就需要了解科学是如何从希腊文明开始，亚里士多德、伽利略、牛顿和爱因斯坦等科学巨匠是如何一步步建立了科学的方法、发展了科学的理论，直到今天科学已经成为人类文明的重要组成部分之一。反思中国传统文化的缺陷，传承中华传统文明的精华，通过理解科学的三个要素提高公民的科学素质，吸取其他先进文明的营养，创造充满生命力的新中华文明，对实现中华民族伟大复兴非常重要。

第四课　暗物质和暗能量

大约 10 年前，我曾经和几位同事把当代天文学的主要研究方向归纳为“一黑两暗三起源”。“一黑”就是黑洞，是“极简黑洞”那一课的主题，也是我从 2006 年开始担任首席科学家的“慧眼”天文卫星[①]的主要研究对象；“两暗”就是暗物质和暗能量，是本堂课的内容；“三起源”就是宇宙起源、天体起源和地外生命起源。

为什么要讲暗物质和暗能量？简单地说，不了解暗物质和暗能量，就不能说了解现代天文学，更不能说了解宇宙。对天文学家如此，对公众和天文爱好者也是如此。我们的宇宙是怎么起源的？我们的宇宙未来是什么样子？这不仅仅是天文学家关心的问题，是哲学家一直追问的问题，也是公众和天文爱好者特别喜欢问的问题。要回答这些问题，首先必须了解我们今天的宇宙的组成。

仰望星空，繁星点点，但是这美丽的图像告诉我们的仅仅是太阳系内的行星和银河系内的众多恒星。银河系内还有大量的尘埃、气体，以及很少发出可见光的各种致密天体（如白矮星、中子星和黑洞），需要

① “慧眼”卫星的提出者和首任首席科学家是李惕碚院士。

借助天文望远镜才能看到。银河系又仅仅是宇宙中大量星系中的一个普通星系，这些星系还会组成星系团甚至更大尺度的结构。但是，所有这些星系中的尘埃、气体、恒星、行星、白矮星、中子星和黑洞并不是宇宙的全部，甚至都不是宇宙的主要组成部分。

现代天文学的研究表明，能够产生各种波长的电磁波辐射的所有天体和物质加起来大约是宇宙总物质和能量的 4%。剩下的就都是目前我们还不理解的暗物质和暗能量了，暗物质占了大约 23%，暗能量占了大约 73%（图 4-1）。换句话说，宇宙是由暗物质和暗能量主导的，要想理解宇宙，就必须理解暗物质和暗能量。但是我们还不理解甚至完全不理解暗物质和暗能量，因为现有的物理学理论模型中没有暗物质和暗能量。这并不奇怪，因为物理学理论模型是基于我们在地面上的实验室中所做的实验和望远镜对天体的观测发展起来的，而直到最近，这些实验和观测都只是针对那大约 4% 的物质所进行的，所以只能建立描述和理解这些物质的物理学理论模型。因此，理解暗物质和暗能量就成为现代物理

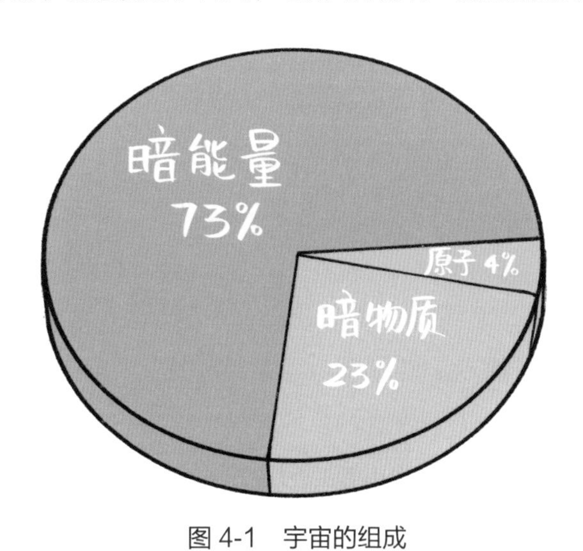

图 4-1　宇宙的组成

学理论所面临的巨大挑战之一。

很显然，对暗物质和暗能量的研究与理解，不但对于理解宇宙的起源、演化和未来至关重要，而且将极大地丰富和发展我们的物理学理论。

一、暗物质

虽然暗物质只是近年来才引起了大家的关注，但是其概念的起源可以追溯到20世纪30年代一位神奇的物理学家、加州理工学院的兹维基(Fritz Zwicky，1898—1974)。兹维基教授经常口出狂言，提出当时看来离经叛道、异想天开的理论或者假说，以至于有不少人建议加州理工学院当时的校长密立根(Robert Andrews Millikan，1868—1953)开除他，以免他毁了加州理工学院的学术声誉。这个密立根就是做密立根油滴实验的那个人，以测量了电荷的分立性而获得了诺贝尔物理学奖，而在他之前学术界认为电荷是连续的。面对大家对兹维基的批评和投诉，密立根回应道，我知道他经常胡说八道，说的大部分事情大概都是错的，但是，他说的事情实在太重要了，万一让他说对了什么呢？所以，兹维基不但没有被开除，而且更加口不择言地“胡说八道”下去了。

兹维基还真说对了什么，还不是一件事，而是一堆极为重要的事情，比如超新星爆发、中子星、引力透镜、暗物质等，其他物理学家一辈子能够说对一个这样级别的事情就可以青史留名了，而他说对了一批！关于暗物质，他当时是这样考虑的：他分析了一个由很多星系组成的星系团的观测资料，这些星系都以很高的速度在星系团里面运动，他计算了这个星系团里面的物质总量，发现这些物质产生的引力不足以拉住这些星系使得这个星系团不分崩离析，所以必须有大量的未知且不可见的物质产生足够的引力，来维持这个星系团的稳定运行。这些物质就是暗物质。

后来，天文学家又仔细地测量了很多单独的星系里面的恒星的运动，发现了类似的事情：星系外围的恒星的运动速度很快，仅仅靠已知的恒星和气体的引力无法平衡它们的离心力，也就是无法拉住这些恒星，所以星系里面也需要比已知物质多得多的暗物质。再后来，天文学家用引力透镜效应精确地测量了很多星系团的质量，发现它们产生引力的总质量都比会发光的物质的量多了大约 5 倍，这些就是暗物质。

因此，暗物质的存在有坚实的观测基础，并不是哪个天文学家或物理学家凭空想出来的。

暗物质存在的天文学观测证据看来是确凿无疑了，那么，暗物质到底是什么呢？遗憾的是，这些天文观测只能告诉我们暗物质产生引力但是不发光，并不能告诉我们暗物质到底是什么。

我们可以首先看看暗物质不是什么。

既然宇宙中暗物质的总量这么大，那么它们应该是非常稳定的，就像电子和质子、原子核那样，否则早就灰飞烟灭了，所以不可能是已知的那些形形色色的基本粒子，因为它们都非常不稳定，瞬间就衰变了。但是，它们显然不会是电子、质子或者原子核，因为这些粒子或者物质总是会发光的。但是宇宙中的中微子非常多，它们也有质量而且不发光，暗物质会不会是我们熟知的中微子呢？也不是，因为这些中微子太轻了，几乎以光速运动，不可能被大量地约束在星系里面。所以，我们就排除了暗物质是由已知的任何一种粒子组成的这种可能性。

如果暗物质是由某种未知的粒子组成的，那么它们会参与什么相互作用呢？我们已知的相互作用只有四种，除了引力，就是电磁相互作用、强相互作用和弱相互作用。它们显然不会参与电磁相互作用，因为它们不发光。它们应该也不参与强相互作用，因为参与强相互作用的胶子和夸克只能存在于原子核里面，不可能跑出来。剩下的就可能是具有质量但是只参与弱相互作用的粒子了。当然也有一种可能，就是它们只参与引力作用但是不参与任何其他作用，当然我们目前完全不知道这种粒子是什么。

既然猜不出来它们是什么，就只能通过实验或者观测去寻找它们了。目前寻找暗物质的办法主要有三种（图 4-2）。

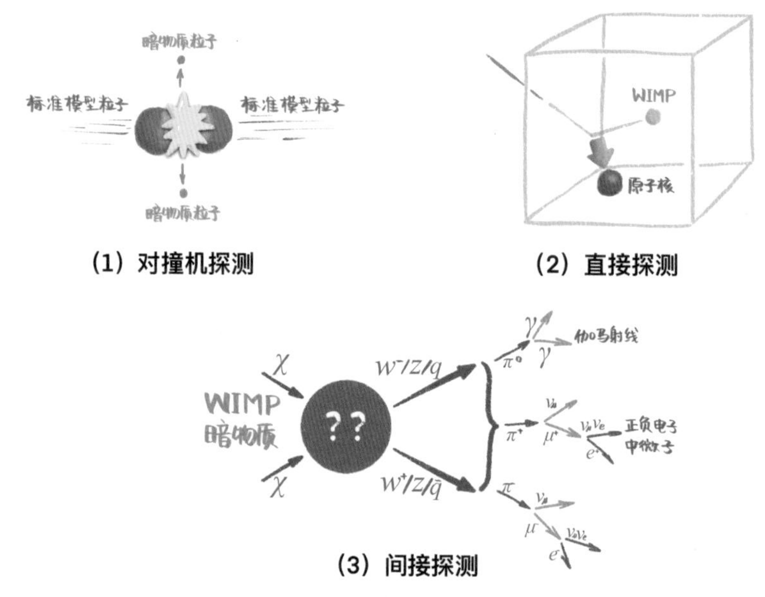

图 4-2　寻找暗物质的三种方法

WIMP：弱相互作用大质量粒子

第一种是沿用我们发现了绝大多数基本粒子的方法，就是在高能粒子对撞机里面产生出暗物质粒子。假如两个能量很高的粒子在对撞过程中产生了一个暗物质粒子，由于它必须很稳定，所以不会立刻衰变。它也不会参与强相互作用和电磁相互作用，即使它参与弱相互作用，也不会在对撞机的探测器里面留下蛛丝马迹，所以如果把对撞中产生的其他所有粒子都探测到，就会发现总的能量和动量与原来的两个高能粒子的能量和动量对不上，根据能量和动量守恒定律就推测产生了一个暗物质粒子。利用这种办法可以排除掉一些暗物质粒子的质量的可能范围，但是目前还没有探测到暗物质。

第二种是探测暗物质粒子和实验室物质的直接作用。暗物质粒子在宇宙中到处都有，当然在地球附近也有很多，但是由于它们顶多只能参与弱相互作用，所以它们一般情况下就是从地球直接穿过去，不过偶尔还是会和我们实验室物质的原子核发生碰撞，这样原子核就会获得一点点微弱的能量，探测这个能量就可能探测到暗物质粒子。由于这种事件发生的概率很低，一方面需要非常灵敏的探测器，另一方面需要尽可能多地排除来自其他各种效应的干扰，所以需要在地下很深的实验室中进行。我国的锦屏地下实验室就是国际上比较先进的一个探测暗物质的实验室。然而，国内外的多个地下实验室到目前都还没有找到暗物质粒子的确凿信号。

第三种就是观测宇宙中暗物质粒子所产生的引力以外的信号。如果暗物质粒子不是绝对稳定的，那么它们就会衰变。暗物质粒子也应该有反粒子，正反暗物质粒子相遇就会发生湮灭，与正常的正反物质粒子的湮灭类似。暗物质粒子的衰变和湮灭过程中就会产生一些我们能够探测到的粒子，比如伽马射线、正负电子对等。丁肇中教授领导的国际空间站上的 AMS-02 实验就是试图通过探测正负电子的高能谱寻找暗物质粒子，目前找到了一些迹象，但还不能确定是否来自暗物质。我国发射的

“悟空”号暗物质粒子探测卫星的主要任务之一，就是想通过精确测量更高能量的宇宙线电子能谱和伽马射线能谱探测暗物质，目前也找到了一些迹象,但仍然不能确定是否来自暗物质。我领导的一个中国空间站“宇宙高能辐射探测”大型实验的主要目标之一也是寻找暗物质粒子。

总的来说，科学家想尽了各种办法探测暗物质，但是目前还没有成功。暗物质肯定不会轻易现形的，我们也不会轻易放弃捕获暗物质的。

二、暗能量

根据爱因斯坦的质能方程，物质和能量可以相互转换，有物质就必然有能量。那么，既然宇宙中暗物质这么多，暗能量的存在是不是就很自然了？并不是！

与黑洞、暗物质的研究相比，虽然暗能量研究是最近几年才比较火热的，但是让暗能量火起来的天文发现却已经获得了诺贝尔物理学奖，而幸存的黑洞和暗物质的发现者却还在苦苦地等待诺贝尔奖的招手！①

暗能量的故事还是要从爱因斯坦讲起。爱因斯坦在发现了广义相对论之后就想用他的理论来解释宇宙，因为他知道用万有引力定律解释宇宙失败了。因为牛顿的引力是瞬时传递的，宇宙中一个天体的运动会立刻影响全宇宙中所有的天体,所以得不到一个稳定的解。爱因斯坦觉得，既然广义相对论没有这个问题，会不会得到宇宙的稳定解呢？他发现，如果只有引力的话，宇宙不是膨胀就是收缩，无法和当时认为的静态宇

① 2020 年诺贝尔物理学奖授予可靠地预言了黑洞的存在以及发现了银河系中心的超大质量黑洞的学者。

宙相符合。于是，聪明的爱因斯坦就在他的场方程里面加了一项会抵消宇宙膨胀或者收缩的长程作用力，他把这一项叫作宇宙学常数，认为是真空的能量。但是很快哈勃就发现了宇宙是膨胀的，爱因斯坦就非常后悔，说加这一项是他人生中最大的错误，否则他就预言了宇宙的膨胀，该是多么伟大的发现啊！于是，爱因斯坦就在他的方程里面又把这一项去掉了。

去掉了这一项虽然能够让宇宙膨胀，但是由于只有引力作用，宇宙的膨胀必须变得越来越慢。于是，精确测量宇宙膨胀的变慢速率，也就是减速因子，就成了天文学家的主要任务之一。一直到 1998 年，波尔马特领导的一个团队和施密特以及里斯共同领导的一个团队发现，尽管远处，也就是很久以前的宇宙的膨胀确实是在减速，但是我们附近，也就是今天的宇宙的膨胀却是在加速，而这是无法用只有引力的理论来解释的，必须加上一项能够抵消引力的一种能量才能解释，这个能量就被称为暗能量（图 4-3），而暗能量的性质竟然和被爱因斯坦加上又取消的宇宙学常数符合得非常好！这样暗能量就被发现了，上述三人也因此于 2011 年获得了诺贝尔物理学奖。但是很显然，暗能量的发现和暗物质一点关系都没有。

暗能量被发现了，而且详细计算表明，为了产生观测到的结果，今天宇宙中的暗能量的密度必须占宇宙总物质能量密度的 73%。暗能量这么多，那么它是什么呢？

前面说了，爱因斯坦最早提出宇宙学常数的时候说它是真空的能量。但是如果利用粒子物理学的理论去计算真空的能量，立刻就发现计算出来的能量密度比观测所给出的结果高了 10^{120} 倍，还有比这错得更离谱的科学理论吗？很显然，暗能量并不是粒子物理学理论给出的真空能量。

于是，物理学家就提出了各种各样的暗能量理论去迎合和解释暗能

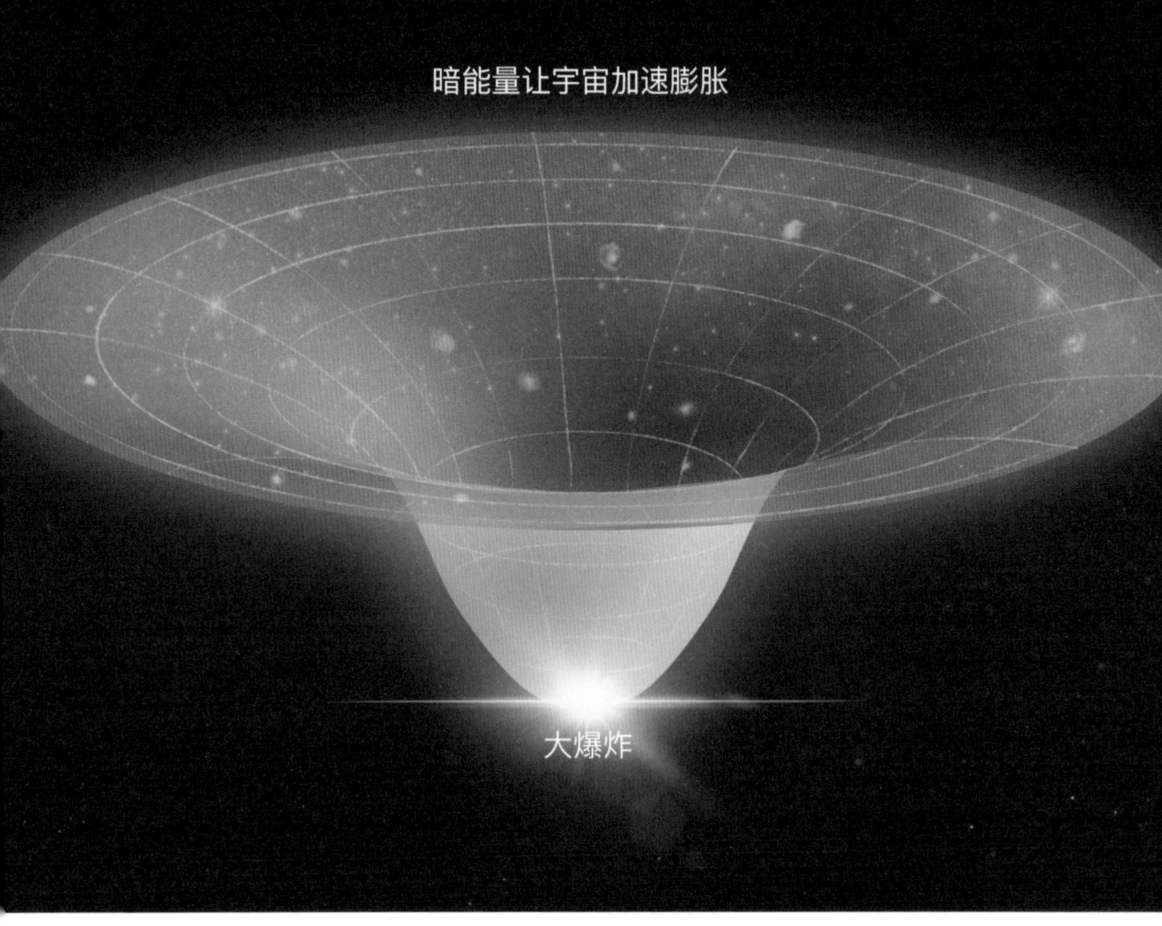

图 4-3　暗能量被认为是宇宙加速膨胀背后的神秘力量

量。但是到底哪个理论是正确的，就必须通过实验或者观测去检验，并不是谁的理论好听或者谁的嗓门大就能够算数的。

探测或者研究暗能量实际上也主要有三种基本途径。第一种是分析不同的暗能量理论对宇宙中的各种天体或者结构的形成的影响，然后对这些天体或者结构进行精确的观测，看看哪个理论描述得更好；第二种是分析不同的暗能量理论对宇宙整体的演化和膨胀的影响，然后精确地观测宇宙的演化和膨胀，也是看看哪个理论描述得更好；第三种是分析暗能量在地球实验室中的各种可能效应，设法在实验室中开展研究。

但是遗憾的是，前两种研究虽然排除了一些理论模型，但是还不能唯一地确定暗能量模型，而且爱因斯坦的宇宙学常数的假设似乎和观测结果符合得依然很好，尽管我们不知道宇宙学常数背后的物理是什么。最后一种研究并没有在实验室中探测到暗能量，因此，我们目前仍然不知道暗能量是什么。

三、关于暗物质和暗能量的其他问题

前面说了，暗能量的发现和暗物质没有任何关系，但是我们仍然可以问：暗物质和暗能量本质上有关系吗？虽然暗物质可以变成能量，但是这种方式产生的能量不会产生抵消宇宙膨胀减速的效应，因为在广义相对论中，从任何物质产生的能量都产生引力，而不是抵消引力。所以，暗物质和暗能量之间即使有关系，也不是物质变成能量的那种关系。

尽管如此，还是有不少学者提出了暗物质和暗能量之间相互耦合甚至转换的模型，也就是存在某些未知的机制，使得在宇宙的演化过程中，暗物质和暗能量不是相互独立的，但是这并没有从根本上回答暗物质与暗能量是什么。即使如此，如果未来的观测发现，在宇宙的演化过程中暗物质和暗能量不是相互独立的，那么，对于我们理解暗物质和暗能量肯定也会带来很大的帮助。

那么和黑洞的关系呢？这个就稍微有点儿意思了。

黑洞不发光而且参与引力作用，很显然是暗物质的有力候选者。那你可能要问了，黑洞的霍金辐射不也产生光吗？我们在“极简黑洞”那一课中说过，目前宇宙中已知的黑洞的霍金辐射太微弱了，实际上根本无法被观测到。但是既然黑洞不发光，如果宇宙中飘浮着很多孤立的黑洞，我们怎么知道它们有多少、会不会恰好和需要的暗物质的总质量对上呢？

即使孤立的黑洞不发光，但是如果黑洞从恒星的前面飘过去，那么黑洞的引力场就会使得恒星的光线发生偏折，产生引力透镜现象，就会观测到恒星的光迅速变亮然后变暗。用这种办法，天文学家的确找到了一些飘浮着的孤立黑洞，但是这些黑洞的数量实在是太少了，不可能成为暗物质的主要来源。

另外一种可能性就是宇宙大爆炸的时候产生了很多微小量子黑洞。虽然按照标准的霍金蒸发理论，这些微小黑洞最后会蒸发到什么都不剩下，但是按照我们与其他学者的理论，也有可能蒸发到最后形成一个不是黑洞的稳定粒子，其质量就是普朗克质量，而这样的粒子有可能就是我们目前正在搜寻的暗物质粒子。但是，我们目前还不知道如何通过观测或者实验去验证我们的理论，也就是我们不知道如何搜寻这样的暗物质粒子。

虽然暗物质和黑洞也许有关系，但是暗能量和黑洞似乎是一点儿关系都没有。但是谁知道呢？

那么，能否利用暗物质和暗能量做点什么有用的事？我觉得不能，原因就在于，虽然宇宙中的暗物质和暗能量总量比普通物质多得多，但由于暗能量是在全宇宙均匀分布的，而暗物质即使和普通物质有引力的耦合，在地球和太阳系里面的密度也比普通物质的密度低得多，所以我们没有办法利用它们,而对它们的探测如此困难就足以说明这个问题了。所以，所有打着暗物质和暗能量旗号说事的所谓发明创造都是骗局，无一例外！

那么，研究暗物质和暗能量除了能满足天文学家的好奇心之外，还有什么用处吗？我觉得最大的用处就是让我们完善和发展物理学理论。就像100多年以前刚开始研究相对论和量子力学的时候，没有人知道相对论和量子力学有什么用处，因为那时候的工业完全是建立在经典物理的基础上的，无论如何也看不到与相对论和量子力学有什么关系，但是我们今天的信息工业的理论基础就是相对论和量子力学。谁能够断定理解暗物质和暗能量之后的新物理学不会给人类社会带来革命性的进步呢？

最后我们提一下，是否可能是物理学错了，其实并没有暗物质和暗能量？完全有可能！从前面对暗物质和暗能量的发现过程的简单介绍可以知道，我们认为有暗物质和暗能量是先假设广义相对论是正确的。但是我们目前对广义相对论的检验并不完善，也许是广义相对论在描述这些现象的时候出了问题？因此有些替代广义相对论的理论就被提出来了，这些理论的主要目标就是试图在假设没有暗物质和暗能量的前提下描述那些观测现象，但是同时又必须能够在广义相对论极为成功的大量情况下，表现得至少和广义相对论一样好。而这就是科学研究的一般途径，对任何企图改进甚至替代原有科学理论的新理论的基本要求，就是在原有理论适用的地方能够至少取得同样的成功，然后才能考虑在原有理论可能不成功的地方是否比原有理论做得更好。关于科学研究的一般方法，我在“天文学与科学方法”那一课中有详细的讲解。

广义相对论相对牛顿的引力理论的确做到了对新的科学理论的一般要求，也就是在牛顿理论适用的所有地方都同样适用甚至做得更好，而又在很多牛顿理论失败的地方全部取得了成功，这就是目前广义相对论被普遍接受的根本原因。而正是从这个角度考察那些新的理论模型，我认为目前还没有哪个理论能够比广义相对论做得更好，甚至就是在广义相对论框架里面还是爱因斯坦最早提出的宇宙学常数和暗能量相关的观测符合得最好，爱因斯坦真的不是一般的牛！

第五课　引力波与爱因斯坦的尴尬

2017 年 10 月 3 日，我提前结束了在家乡河南的假期，匆匆看望了父母和众多亲友，难分难舍地告别了几十位参加初中毕业 40 周年聚会的同学，坐高铁到了北京西站，我把自己几乎变成液体挤进了地铁，准时赶到了果壳网的 2017 年诺贝尔奖点评直播间，和主持人吴欧女士、另外两位重量级嘉宾一起点评 2017 年的诺贝尔物理学奖。在等待颁奖之前的聊天中，主持人让我预测 2017 年的物理学奖花落谁家，我毫不犹豫地说，当然是发现引力波，否则就没有天理了！我们接着聊了大约 50 分钟，聊了为什么发现引力波会获得诺贝尔奖，以及在这一个世纪当中关于引力波探测的一些传奇、艰辛、“乌龙”事件和悲情（此处省略一万字）。终于到了宣布的时刻，毫无悬念诺贝尔奖评选委员会宣布的结果和我以及物理学界大部分学者的预测完全一样：2017 年的诺贝尔物理学奖授予了三位物理学家，表彰他们对于研制激光干涉引力波天文台以及利用该天文台发现了引力波做出的决定性贡献。

那么，这个科学发现到底是什么？它是一个怎样的传奇？这和现代物理学的发展有什么关系？爱因斯坦和这个发现是什么关系？爱因斯坦做对了什么、又做错了什么？引力波探测历史上曾经有过什么样的“乌龙”事件，又有哪些艰辛和悲情？2016年曾经热闹了一阵子的那个“诺贝尔哥”郭英森先生是引力波专家吗？引力波有什么用？有办法防引力波辐射吗？引力波探测与研究的未来是什么？中国在引力波探测领域的现状和未来计划是什么？

我将用后面的两堂课回答上面这些问题，这是其中的第一课。

一、相对论和量子力学：现代物理学建立的标志

现代物理学建立的标志当然是20世纪初建立的相对论和量子力学。从牛顿开始到19世纪末，经典物理学已经形成了完整的理论体系，经典物理学的大厦已经非常宏伟。但是，有两朵似乎微不足道但是又驱之不散的乌云，时不时飘在经典物理学的大厦上空，这就是以太问题和黑体辐射的紫外灾难问题（图5-1）。

以太问题和电磁波辐射的传播有关，当时认为任何波的传播都需要介质，光传播的介质就是以太，但是以太的存在和迈克耳孙－莫雷实验结果矛盾。黑体辐射的紫外灾难问题是指当时普遍接受的根据经典统计力学得到的瑞利－金斯公式给出，在短波区（紫外光区）随着波长的变短，辐射强度可以无止境地增加，这和实验数据完全不符，被称为“紫外灾难”。

20世纪初，爱因斯坦的狭义相对论圆满地解决了以太问题，而普朗克（Planck，1858—1947）的黑体辐射的量子理论又圆满地解决了黑体辐射的紫外灾难问题，于是开启了现代物理发展的一个新时代。从狭义相对论到广义相对论，从早期的量子力学到成熟的量子电动力学、量子场论、粒子物理标准模型，从太阳系到星系到整个宇宙的形成和演化，

图 5-1　两朵似乎微不足道但又驱之不散的“乌云”

现代物理的理论体系已经完整地建立起来了，能够很好地描述和预测小到夸克的微观尺度、大到整个宇宙的宏观尺度的各种现象和行为。因此，量子力学和相对论就成为现代物理学建立的标志。

当然，如“暗物质和暗能量”那一课中所讨论的，我们看似完整和完美的现代物理学，唯独无法解释暗物质和暗能量，这被称为 21 世纪现代物理学大厦上空的两朵新乌云。

相对论的建立和完善尽管也有多位物理学家的贡献，但是爱因斯坦的贡献不但傲视群雄，而且即使说是爱因斯坦以一己之力建立的，也不会有太大的问题，尤其是广义相对论的建立更是人类理性思维和科学发展的一个高峰。

量子力学的建立则完全是一批物理学家的集体贡献，爱因斯坦也对量子力学的建立做出了重要的贡献，比如1922年他被授予1921年的诺贝尔物理学奖，理由是在理论物理方面的成就，尤其是发现了光电效应的规律。光电效应是光的量子性的直接证据，而且是对原子的量子力学模型的直接验证。

事实上，随着量子力学以及基于量子力学的粒子物理标准模型的发展，相关研究在诺贝尔物理学奖历史上获奖那是层出不穷，从1918年普朗克获奖开始至今的大约100年间已经有大约30个，而且其中还有几年没有授奖。诺贝尔奖评选委员会对量子力学的情有独钟可见一斑。从另外一个方面说，这些诺贝尔物理学奖标志着量子力学走向了成熟，虽然今后还会发展，但是其正确性已经毋庸置疑。

二、爱因斯坦和诺贝尔奖

1922年11月13日，爱因斯坦在去日本访问途中在上海暂留。欢迎的人群中有瑞典驻上海总领事，他通知爱因斯坦获得了1921年的诺贝尔物理学奖，也就是去年空缺的奖。爱因斯坦并不惊讶，因为他已从船上的收音机里听到了这个新闻。瑞典皇家科学院随后在致爱因斯坦的信中说：“瑞典皇家科学院决定授予您去年的诺贝尔物理学奖，这是考虑到您对理论物理，特别是光电效应定律的工作，但是没有考虑您的相对论与引力理论在未来得到证实之后的价值。”

从1910年开始（除了1911年和1915年），爱因斯坦每年都被提名诺贝尔奖，1922年，提名爱因斯坦的人数达到空前的数目，可以想象，诺贝尔奖评选委员会遇到了要求给爱因斯坦授奖的很大压力。1922年9

月6日，经过投票，诺贝尔奖评选委员会终于决定，因爱因斯坦对解释光电效应的贡献将1921年空缺的奖授予他。正如在给爱因斯坦的信中提到的，颁奖词特别说明，这个奖没有考虑相对论在未来被证实后的价值[①]。

我认为，爱因斯坦对光电效应的解释虽然也很重要，与多数诺贝尔物理学奖的成果相比毫不逊色，但是很显然在爱因斯坦的众多伟大贡献中并不是最重要的，尤其是和相对论相比简直可以忽略不计。但是爱因斯坦因光电效应获奖，他本人在未来获第二次诺贝尔物理学奖的可能性就会变得微乎其微。相对论在诺贝尔物理学奖历史上的尴尬就此开始了。

很显然，爱因斯坦建立的广义相对论，100年来虽然已经成为现代物理学的主要部分，狭义相对论更是和量子力学一起构成了现代物理学的两个支柱，但是，历史上不但爱因斯坦没有因为相对论而获得诺贝尔物理学奖，后来对于丰富广义相对论而做出了很多贡献的众多物理学家，也无人因此获得过诺贝尔物理学奖，这不能不说是物理学史和诺贝尔奖历史上的一个遗憾。

也许是因为爱因斯坦的光芒实在是太耀眼了，既然没有把相对论的诺贝尔物理学奖授予他，其他人也没有资格因此获得此奖。也许是爱因斯坦的贡献实在是太大了，后来的物理学家不管做了多少工作，与爱因斯坦的工作相比都显得微不足道。也许是爱因斯坦建立的理论体系太完备了，所有其他物理学家的工作不管多么重要，也只不过是补充而已，并没有改变相对论的理论体系和结论。事实上，这些“也许”在很多人看来就是事实！

---

① 以上两段是根据复旦大学施郁教授于2017年10月3日发表在“知识分子”微信公众号的文章整理的，原文题目是“爱因斯坦的奇葩诺奖：晚得一年，不是最重要工作，还没参加颁奖典礼，这是为什么？”，感兴趣的读者可以阅读原文。

三、3.0 个诺贝尔物理学奖

那么，相对论就永远不会获得诺贝尔奖了吗？并不是！

尽管相对论在诺贝尔物理学奖历史上的尴尬在继续，历史上还是有 3.0 个诺贝尔物理学奖不但和爱因斯坦以及相对论有密切的关系，而且可以看作本次诺贝尔物理学奖的前奏。

1983 年，福勒（William Alfred Fowler，1911—1995）和钱德拉塞卡（Subrahmanyan Chandrasekhar，1910—1995）分享了诺贝尔物理学奖，钱德拉塞卡获奖的颁奖词是“对恒星的结构和演化中的物理过程的重要性的理论研究”，而钱德拉塞卡在这方面最为重要的研究是发现了以前认为的恒星演化的最终产物白矮星必然有质量上限，这就奠定了理解中子星和黑洞形成的理论基础。20 世纪 60—70 年代发现的中子星和黑洞都验证了钱德拉塞卡的理论的正确性，钱德拉塞卡获得诺贝尔物理学奖可以说是众望所归。由于钱德拉塞卡的恒星演化理论的背后就是相对论和量子力学，因此这个诺贝尔物理学奖也可以说是奖励给了把相对论和量子力学同时应用到天体物理的一个重要发现。

1974 年和赖尔（Martin Ryle，1918—1984）分享诺贝尔物理学奖的安东尼·休伊什（Antony Hewish，1924—）获奖的颁奖词是“对发现脉冲星的决定性角色”[①]。显然，发现脉冲星证实了钱德勒塞卡以及后来很多物理学家应用相对论和量子力学研究天体演化的理论工作的正确性。

1993 年赫尔斯（Russell Alan Hulse，1950—）和泰勒（Joseph Hooton Taylor Jr., 1941—）分享的诺贝尔物理学奖的颁奖词为：“对于发现了一

① 实际上发现脉冲星的是安东尼·休伊什的学生贝尔（Jocelyn Bell Burnell，1943—）女士，她并没有分享此奖，而这也被认为是诺贝尔奖历史上的重大冤案之一。

种新类型的脉冲星，这个发现打开了研究引力的可能性。”他们发现的是一个双中子星－脉冲星系统，在其后的几十年中，利用这个以及后来陆续发现的双中子星－脉冲星系统，对广义相对论进行了各种精确的检验，至今没有发现对广义相对论的偏离。尤其是，双中子星轨道的衰减，与广义相对论预言的通过引力波辐射的轨道衰减精确一致，因此人们经常用赫尔斯和泰勒的这个观测与研究结果，作为对广义相对论的引力波预言的观测验证。但是，确切地说，这只能算是间接验证，因为并没有观测到这个以及其他双中子星－脉冲星系统辐射的引力波，况且他们获得诺贝尔奖的直接原因是他们发现了这种天体系统，而不是对引力波的检验。

2011 年，萨尔·波尔马特、布莱恩·施密特以及亚当·里斯获得的诺贝尔物理学奖的颁奖词为：“对于通过观测遥远的超新星爆发发现了宇宙的加速膨胀。”这个奖不但和爱因斯坦本人有关系，而且对这个发现的“主流”解释也是以广义相对论为基础的。我们在前面“暗物质和暗能量”那一课讲过，爱因斯坦在哈勃发现宇宙膨胀之前，曾经在他的广义相对论场方程中引入了宇宙学常数，用来产生一个长程排斥力来抵抗引力，使宇宙处于一个静态的状态。但是在哈勃发现了宇宙膨胀之后，爱因斯坦认为引入宇宙学常数是他“一生最大的错误”，否则，他就可以预言宇宙的膨胀。但是，如果在广义相对论的框架下解释早期宇宙减速膨胀但是近期宇宙加速膨胀这个观测结果，我们还是需要在广义相对论场方程里面引入宇宙学常数，而目前对于宇宙学常数的物理解释就是宇宙中充满了未知的暗能量。

回顾前面这 3.0 个诺贝尔物理学奖，我们就会发现，尽管爱因斯坦的广义相对论已经是理解这些重大发现的理论基础，广义相对论早就被学术界接受为现代物理基础理论的重要部分，而且引力波也是 1993 年诺贝尔物理学奖的那个观测结果的最合理解释，但是，无论是广义相对论还是引力波的直接研究成果都还没有被授予诺贝尔物理学奖[①]，与量子力学以及相关的物理学研究获得了大约30个诺贝尔物理学奖相比有着天渊之别。

因此，2017年的诺贝尔物理学奖授予了激光干涉引力波天文台直接探测到并且发现了广义相对论的最主要预言引力波，不但是众望所归，而且是对百年现代物理学做了一个了断。从今往后，扩展广义相对论，发展和量子力学统一的量子引力理论的研究，以及利用引力波探索宇宙和发现新的科学规律将进入一个新的时代。

四、爱因斯坦建立广义相对论

我们首先看看爱因斯坦是怎么通过著名的电梯假想实验建立广义相对论的。如果有一部100多层的电梯，你在顶层上面按按钮要往下去，在这一瞬间制动系统失灵了，你开始自由落体往下落，你会知道你有几秒钟的“美妙”时间，因为你会预料落地那一瞬间不太好，但是在这之前应该还是不错的。在这几秒钟的“美妙”时间结束之前，你决定做一个科学实验，这个实验就是你从口袋里非常优雅地掏出一个钥匙链来，松手看这个钥匙链会不会跟着你往下落，结果你发现这个钥匙链会跟你一起度过这段“美妙”的时间。这个效应就和在自由空间中，杨利伟在飞船里面飘浮的感觉一模一样。所以自由落体的电梯等同于自由空间的飞船（图5-2）。

---

① 2020年诺贝尔物理学奖奖金的一半授予了因为对广义相对论研究以及可靠地预言了黑洞形成的罗杰·彭罗斯。

图 5-2　自由落体的电梯等同于自由空间的飞船

在你度过这几秒钟的“美妙”时光而落地，而且由于某种神奇的原因你毫发未损之后，再看看这个钥匙链怎么运动，你发现虽然自己停住了，但是钥匙链并没有停住，而是继续往下落。这和杨利伟在太空中飞船发动机突然开始加速的感觉是一样的，这时候他的钥匙链也开始相对于他往下落，所以地面上的电梯等同于自由空间加速运动的飞船（图5-3）。

但是在自由落体的电梯里面的“美妙”感觉和杨利伟在自由空间中飘浮的“美妙”感觉的来源不一样，前者是引力造成的，后者是惯性造成的。同样的原因，地上的电梯里面钥匙链下落是引力造成的，自由空间中加速的飞船里面钥匙链往下落是惯性造成的。所以，认识到这两种感觉一样，就使得爱因斯坦提出了引力质量和惯性质量是等效的，这是他的电梯假想实验所给出的结果。直到今天，科学家还在通过真实的实

图 5-3　地面上的电梯等同于自由空间加速运动的飞船

验，来验证爱因斯坦的假想实验结果是不是严格地成立，目前所有的实验结果都和爱因斯坦的假设没有矛盾，这就是等效原理。

既然引力质量和惯性质量是等效的，那么也就是说，你在自由落体的参照系里面和自由空间当中的观测者一样，而在自由空间的惯性观测者是可以使用狭义相对论的，所以在自由落体的参照系里面也可以用狭义相对论。但是有一点情况是不一样的，毕竟你是在做自由落体的加速运动。在电梯里面电梯自由落体加速运动的时候，你如果趁机看一看窗外的东西，会发现你的空间是弯曲的。由于你的速度变得越来越快，单位时间里你看到的外面的东西就越来越多，所以你就不能再用描述平直空间的欧几里得几何了，你需要用描述弯曲空间的几何，这就是黎曼几何。于是，爱因斯坦在他的同学格罗斯曼・马塞尔（Grossmann Marcell，1878—1936）的帮助下，使用黎曼几何建立了广义相对论。

五、爱因斯坦预言了引力波

首先我们自己可以做一个简单的实验来理解引力的本质就是时空弯曲的结果。一个弹性很好的蹦床本来是完全平的，在上面放了一个重球，这个面就不再是平面，而是中间凹下去了。再放一个球，这个球就往原来那个重球那边落过去。并不是这两个球“相爱”了，而是空间弯曲了，后面那个球必须沿着弯曲的面走，所以这两个球只有撞在一起的命运。如果我们给这个球一个合适的切线方向的初始速度，这个球就会绕着中心的重球绕圈，类似地球绕着太阳运动，这也是空间弯曲的结果。所以，所谓的“引力”就是空间弯曲的直接结果，这两个球撞到一起或者绕着转圈并不是真的由于这两个球之间有一根绳子或者一个吸引力。

如果这两个球都很重，让两个球相互绕转，由于每一个球都使得它周围的空间弯曲了，这样当它们相互绕转的时候，就会使得弯曲的时空向外传递，向外传递的这个东西就是引力波。所以我们知道，引力波也是时空弯曲的直接结果，在平直时空里面是不可能有引力波的，只要有弯曲的空间就必然会产生引力波。爱因斯坦意识到这个图像之后，就把他利用黎曼几何写出来的引力场方程进行了简化，也就是做了弱引力情况下的线性化，得到了引力波方程，数学形式上类似麦克斯韦电磁场理论的电磁波方程，而且引力波传递的速度就是光速，爱因斯坦就于1916年预言了引力波的存在。

那么，引力波和电磁波、声波有什么不同？电磁波是电磁场的振荡的传播，比如一个加速运动的电荷就会产生电磁波。电磁波也是我们最熟悉的两种波动之一，光就是电磁波，电磁波的传播不需要介质，在真空中就可以传播，这就是我们能够看到宇宙远处的天体的原因。当然，电磁波也可以在介质中传播，在不同的介质中不同频率或者波长的光的传播速度不一样，这就是所谓的色散效应，我们能够看到美丽的彩虹就是这个原因。

另外一种我们最熟悉的波动就是声音，声音就是物体的振动的传播，所以是机械波，机械波的传播需要介质，在不同的介质中声音传播的速度也是不一样的。但是在真空中声音不能传播，这就是为什么太空中出舱的宇航员面对面可以对视用眼神交流，要想说话就必须通过无线电对话。

引力波则是完全不同的一种波。引力波的传播不需要介质传递，换句话说，引力波就是空间的涟漪（图 5-4），因此宇宙中所有的物质和能量都能够感受到引力波。毫无疑问，引力波是宇宙中最基本的一种波，而其他所有的波都是在宇宙时空或者宇宙时空里面的介质中传播。

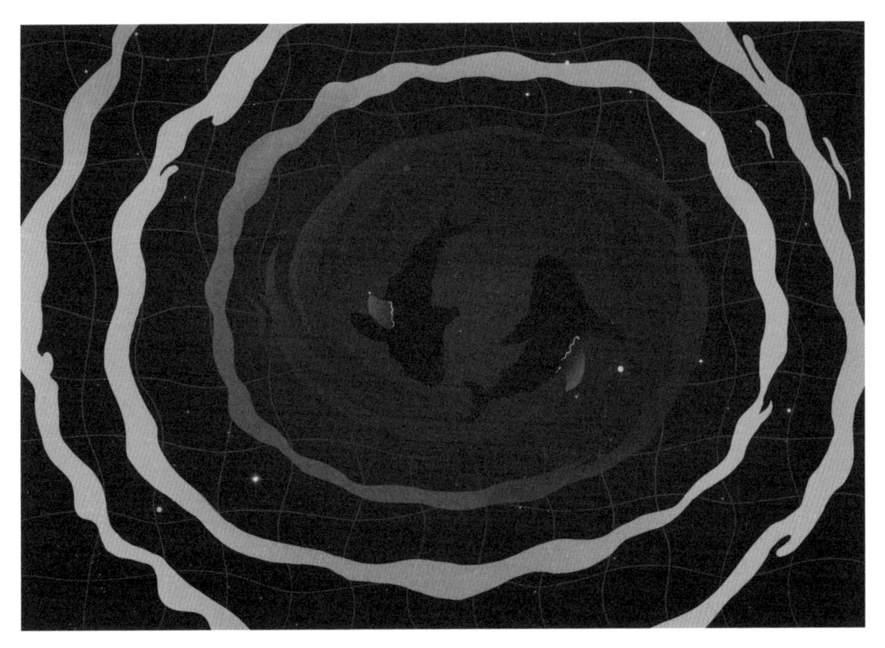

图 5-4　引力波是弯曲时空中的涟漪

六、爱因斯坦引力波预言的一波三折

但是，爱因斯坦自己关于引力波的态度也是一波三折、变化多端的。

1936 年，也就是爱因斯坦预言了引力波之后 20 年，美国物理学会的《物理评论》(*Physical Review*)编辑部收到了爱因斯坦和他的助手罗森(Nathan Rosen, 1909—1995)的一篇来稿，题目是“引力波存在吗?”，文章的结论是引力波不存在！编辑部按照规则将稿件送审。审稿人很快返回审稿意见，认为稿件存在严重问题，必须大修。爱因斯坦被激怒了，他立刻很不客气地回了一封用德文写的信：我和罗森将稿件寄给你们发表，并未授权你在文章刊出之前拿给专家看。我也没有必要回答你那位匿名专家的错误评论，我宁肯在别处发表这篇论文。

爱因斯坦转手就将论文投给了另外一个期刊，果然立刻被原文接收，不需修改，很快就会发表。随后爱因斯坦要在普林斯顿做一个讲座，报告他这个引力波不存在的新发现。可是就在报告的前一天，他突然发现自己犯了错误，一时又找不到解决的办法。在报告结束的时候，他说：你如果问我引力波到底是否存在，我必须说不知道，但这是一个非常有趣的问题！

那么，爱因斯坦真的发表了一篇错误的文章吗？并没有！最终发表在 1937 年 1 月的那篇论文，题目已经改成了“论引力波”，而结论却是 180 度大反转：引力波必须存在！①

剧情大反转到底是怎么发生的？爱因斯坦在意识到了论文的错误但是还没有找到解决办法的时候，只好写信对那个接收论文的期刊说，麻烦大了，论文有大毛病。经过一番辗转，最终普林斯顿大学的罗伯森教授

① 以上三段内容整理自 2016 年 2 月 13 日何祈愚发表在“知社学术圈”微信公众号的文章，题目为“PRL 凭什么？拒稿引力波预测，爱因斯坦走下神坛!”，感兴趣的读者可以阅读原文。

帮助爱因斯坦解决了这个问题。罗伯森何许人也？爱因斯坦只知道是他在普林斯顿大学的同事，但是直到去世也不知道罗伯森就是那个首先发现原论文错误的爱因斯坦不屑一顾的匿名审稿人！这件事直到2005年，《物理评论》编辑部20世纪30—40年代的文件公开后才被人翻了出来。

那么就可以探测引力波了吗？没有那么容易，因为还需要计算引力波能不能探测到。由于引力波就是时空的涟漪，当引力波到达我们所在的地方的时候，这个地方的空间就产生了扭动，任何物体为了在扭动的空间里保持静止，只好相对于远处的观测者扭动起来，扭动的幅度和频率就是引力波的振幅和频率，如果想办法测量物体的扭动，那就测量到了引力波。

爱因斯坦很快发现，引力波的振幅小得难以想象，即使对于他能够想象到的宇宙中最强的引力波，传到地球的时候，其振幅也顶多是10^{-20}。引力波的振幅的定义是，空间扭曲的尺度除以空间本身的尺度。比如，振幅为10^{-23}的意思是，即使使用地球这么大的探测器，探测器扭曲也只有1亿分之一纳米，也就是一个原子核大小的1%！探测这么微弱的扭动怎么可能做到？爱因斯坦无论如何也想象不了。

当然，今天我们知道，几倍到几十倍太阳质量的黑洞撞击在一起产生的引力波，可以比爱因斯坦当时计算的强上百倍甚至更多，而星系中心的质量在百万到百亿倍太阳质量的超大质量黑洞撞在一起，产生的引力波就更强了。但是，爱因斯坦本人根本不相信宇宙中有黑洞，自然就不会想到会有黑洞撞在一起产生的引力波。关于爱因斯坦不相信黑洞的理由和我们自己的理论计算的回答，请参考“极简黑洞”那一课。

因此，爱因斯坦根本就不认为人类有一天会探测到引力波！

然而，2016年2月11日，美国的激光干涉引力波天文台团队宣布探测到了两个黑洞并合产生的引力波（图5-5）。引力波的发现不仅仅是

图 5-5　两个黑洞并合产生引力波示意图

验证了爱因斯坦100年前的引力波预言,也是广义相对论的最重要预言,而且我认为这也是人类探索宇宙的第五个里程碑,人类终于“听到”宇宙发出的美妙声音了。

人类探索宇宙的前4个里程碑分别是:400多年前伽利略发明了可见光望远镜,使得人类的视野得到了极大扩展;20世纪30年代卡尔·央斯基(Karl Guthe Jansky,1905—1950)发现了银河系的射电辐射,使得人类首次能够在可见光波段以外探索宇宙;20世纪60—70年代里卡尔多·贾科尼(Riccardo Giacconi,1931—2018)使用火箭和卫星,发现了太阳系外的第一批X射线源,使得人类首次能够在地球大气层以外探索宇宙;20世纪80年代末雷蒙德·戴维斯(Raymond Davis,1914—2006)和小柴昌俊(Masatoshi Koshiba,1926—2020)发现了来自超新星爆发的中微子信号,使得人类首次能够利用电磁波以外的信号探索宇宙。

同时,这个验证了爱因斯坦本人的预言的科学发现,也证明了爱因斯坦的两个错误:第一,引力波尽管很弱,但是人类还是有办法探测到的;第二,宇宙中不但有黑洞,还有两个黑洞撞在一起产生引力波这样的事情发生。事实上,激光干涉引力波天文台至今已经清楚地“听到”了至少10次黑洞撞击产生的引力波,说明宇宙中黑洞很多,而且黑洞撞击也很多。

当然,爱因斯坦的这两个小错误和他一生的伟大科学成就相比是微不足道的。我指出他的这两个错误,只是想说明,再伟大的科学家不但也会犯错误,而且就是在自己的研究领域也会犯错误,更不用说在自己不擅长的领域了。但是,只要整个科学界遵循正确的科学研究方法,坚持科学精神,科学的发展就是无法阻挡的!

第六课　引力波探测的悲情与荣耀

一、几十年的争论，费曼和邦迪一锤定音

如果要探测引力波所产生的空间扭曲振动，引力波必须能够携带能量，但是这个问题在学术界争论了几十年。1938 年，爱因斯坦及其合作者提出了处理弱场中低速运动的“后牛顿”方法，但是利用这个近似方法，一直计算到速度的第四阶都不会出现引力能量辐射。实际上，能够产生引力能量辐射的四极矩辐射出现在下一阶，这点直到 1947 年才被中国物理学家胡宁（1916—1997）教授证明。但是对于非低速运动的引力辐射，上述近似方法便不再适用，而需要发展新的方法。由于电偶极辐射就能够产生电磁波的能量辐射，而需要质量的四极矩变化才能够产生引力波的能量辐射，所以引力波的研究和探测就比电磁波复杂得多了。

直到 20 世纪 50 年代，一些相对论物理学家，特别是赫尔曼・邦迪（Hermann Bondi, 1919—2005）严格证明了引力辐射携带能量，因此原则上是一个可观测的物理现象。因为引力波携带能量，所以一个辐射引力波的系统会损失能量。1957 年，理查德・菲利普斯・费曼（Richard

Phillips Feynman，1918—1988）和邦迪提出，如果把两个黏性小球套在一根刚性杆上，当引力波传来的时候，刚性杆因为原子力的作用长度不发生变化，但两个小球的间距将会持续振荡变化，这样会与刚性杆发生摩擦，产生热量，热量的来源就是引力波，这个假想实验就说明了引力波不但携带能量，而且可以把携带的能量传递给引力波经过的介质（图 6-1）。

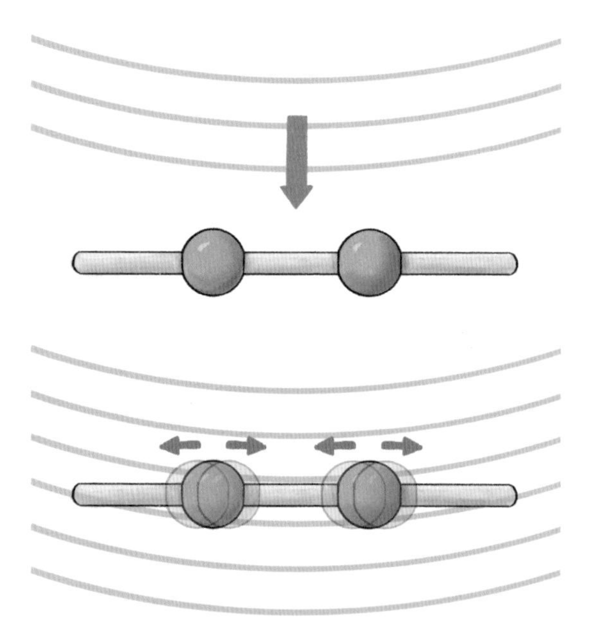

图 6-1　费曼和邦迪的黏性小球假想实验

可能你会问，如果那两个小球和刚性杆没有摩擦力而且是处于真空中，小球还是会振荡，那么引力波还会传递能量给小球吗？答案是否定的。原因相当“烧脑”，不少从事广义相对论和引力波研究的学者也说不清楚，不信你可以问问他们！

不传递的原因是：小球之间的相对距离显然变化了，所以发生了相对运动，但是它们只是随着扭动的空间在运动，实际上动的是空间，它们相对于自己所处的空间并没有动，引力波过后空间又恢复平静，它们也立刻静止，所以没有任何能量传递给了小球。这就是为什么宇宙深处产生的引力波尽管在传播到地球的时候已经使得途经的天体都扭动了，但是引力波的能量还是“几乎”没有任何损失（“几乎”的原因是有些天体的扭动会有“摩擦”产生的阻尼，稍微消耗了一点点引力波的能量）。

不过如果我们想测量小球的相对运动，就必须和小球发生作用，这样小球就不可能随着空间的扭动自由振荡了，这个小球本来在惯性坐标系里面做的惯性运动就受到了阻尼，它的能量就损失了，损失的能量传递给了产生阻尼的物体，这样就等效于引力波传递能量给小球了。

这种情况类似于在一个完全没有阻力的情况下依靠惯性运动的物体，这个时候你无法确定这个物体到底携带了多少动能，因为相对于不同坐标系，也就是相对于这个物体做匀速直线运动的不同观测者，这个物体的速度是不一样的，因此问这个物体是否携带了动能就毫无意义。但是，你一旦给这个物体施加一个阻力，它减速运动的加速度对于所有的这些观测者就都是一样的，大家计算出来的这个物体的能量损失（也就是通过阻力耗散的能量）就是一样的，而这个物体也的确是损失了能量。

二、从韦伯棒到 LIGO

好吧，如果广义相对论是正确的，那么引力波就的确是存在的，引力波携带能量，还会把能量传递给探测器，使得引力波能够被探测到，那就探测吧！

终于，从引力波理论提出开始，过了50年才有人开始建造试图探测引力波的设备。第一个尝试这么做的人是马里兰大学的约瑟夫·韦伯（Joseph Weber，1919—2000）教授，他是名副其实的引力波探测的开创者。他把自己的设备命名为“谐振条天线”，今天学术界通常称为“韦伯棒”。韦伯认为铝制的圆柱体可以被当作铃铛，放大微弱的引力波。当特定频率的引力波到达圆柱体的时候，圆柱体会产生轻微的谐振，其周围的传感器会把这种振动转化为电信号。为了确保他测量到的不是周围经过的卡车或者轻微地震的震动，他采取了一系列的保护措施，比如，将韦伯棒悬置在真空中，使用了两个韦伯棒，分别位于马里兰大学的校园和在芝加哥附近的美国阿贡国家实验室。如果两个韦伯棒在微小时间间隔中产生了同样的振动，他认为这就可能是引力波造成的。

1969年6月，韦伯宣布了他的谐振条记录了引力波事件。物理学家和媒体都为之激动，《纽约时报》这样报道：“人类对宇宙的观测又一新篇章被翻开了。”很快，韦伯开始报道每日都记录到了引力波的信号。不过，其他的实验室都没有得到与他类似的结果，而且很多新建的精度和灵敏度都比他的韦伯棒好很多的引力波探测器都没有探测到信号，学术界对他的怀疑迅速扩散，和他产生了多次极为激烈的争论。韦伯本人学术态度的不严谨，更使得他的学术声誉断崖式下滑，比如，他不断修改对已有数据分析的结论，以迎合新的研究成果或者应对学术界的质疑。几年之后，学术界大部分人都认为韦伯的实验或者数据分析有严重问题，世界上跟风建的类似实验室也都逐渐关门了，包括1972年中国科学院在北京中关村和广州中山大学建立的韦伯棒。韦伯自己也只能在一个破旧的实验室里孤独地继续做实验，虽然持续宣称有新的探测结果，但是已经引不起学术界的任何注意了，韦伯在学术界可以说是声名狼藉。令人唏嘘不已的是，韦伯2000年去世的主因，竟然是冬天在他的破旧失修的实验室门口滑倒，连续两天没有获救，他的身体健康从此每况愈下，直至去世。

与巴里·巴里什（Barry C. Barish，1936—）、基普·索恩（Kip S. Thorne，1940—）共享2017年诺贝尔物理学奖的美国麻省理工学院的雷纳·韦斯（Rainer Weiss，1932—）教授也对引力波的探测很感兴趣。但是韦斯觉得自己不太懂广义相对论，于是决定教广义相对论的课，这样就逼着自己至少提前一天比他的学生们理解透彻所要教的内容。他在教课中无法解释韦伯的结果，于是开始思考和设计后来的激光干涉引力波天文台，也就是激光干涉引力波天文台的原型机，打算做原理验证实验。他后来回忆道："我不能理解韦伯想干什么，我不认为韦伯的那个想法是正确的，于是我自己开始去找答案。"顺便说一句，教授想学一门课的一个办法不是去听一门课而是去教一门课，这尤其是物理学家特别喜欢做的事情，很多牛人都干过这样的事情。我虽然不是牛人，但是也常常这么干，我的很多物理知识，尤其是天体物理的很多知识都是在准备教课的过程中学会的。

韦斯在教广义相对论课的过程中学会了广义相对论，并且产生了完全不同于韦伯的探测方法的新设想，于是打算另辟蹊径探测引力波，但是怎么拿到研究经费呢？他在从系里的管理者那里争取资助上遇到了严重困难，因为他的许多同事对这个设想持有严重怀疑。其中一个怀疑者是著名的天体物理学家和相对论专家，他坚定地认为黑洞不存在——当时很多人都持有这一看法，因为支持黑洞的数据太少了，况且爱因斯坦本人都不相信黑洞存在。既然黑洞是理论上仅有的少数可以产生可观测到的引力波的源头，他们认为韦斯的研究纯属胡闹，所以坚决反对给他经费研究探测引力波。

走投无路之下，韦斯想到了一个办法，就是“忽悠”军方支持他的研究。美国军方向来很重视基础科学研究，因为这些研究往往能够产生颠覆性的技术，这些技术应用到军事方面常常威力无比。他最终说服军方给了他一些经费研发探测引力波的技术。同时，他也积极和加州理工学院的索恩教授交流。索恩教授是国际知名引力物理专家，学术地位比韦斯高得多，所以索恩说服了加州理工学院也支持沿着这个新方向开展引力波探测的研究。同时，基于类似的想法，联邦德国、英国和苏联的科学家也开始用这种原理开展引力波探测的研究。

虽然韦斯做他的引力波探测的原理验证实验很投入也很享受，但是多年没有任何拿得出手的成果毕竟是很尴尬的，而且军方也逐渐失去了耐心，看不到韦斯取得突破的前景，就不再给他经费了。他读博士时候的导师实在是看不下去了，就劝他先把引力波探测的事情放一放，先做点有用的事情，让自己在学术界站住脚。无奈之下，韦斯就改行做了宇宙微波背景辐射的空间探测研究，领导了后来获得了诺贝尔物理学奖的“宇宙背景探测者”（Cosmic Background Explorer，COBE）卫星的一个重要仪器团队，做出了关键的贡献。

但是韦斯灵魂深处和骨子里还是要探测引力波。在宇宙微波背景辐射探测领域扬名立万，在学术界站住脚之后，韦斯重整旗鼓。这次，他盯上了美国国家科学基金会的巨额经费。好在美国国家科学基金会负责天文的官员的博士论文就是研究引力波辐射理论，他完全理解引力波探测的重要性，非常支持韦斯的想法，坚信激光干涉引力波天文台的理论基础是严谨的。尽管如此，他还是非常慎重，和韦斯密谈多次，提了很多中肯的建议，简直就是引力波界安插在政府的“卧底”。在这个过程中，韦斯和索恩，以及已经加盟加州理工学院的罗纳德·德雷弗（Ronald Drever，1931—2017）一起到处游说，经过了多年的研究、报告、讲演和委员会会议，终于在1990年说服了美国国家科学基金会启动激光干涉引力波天文台项目，这个项目将要花费2.72亿美元，比任何美国国家科学基金会之前支持的实验都多。

这是一个极为艰辛的过程，斗争极为激烈。韦斯后来回忆道：“天文学家非常反对这个项目，因为他们觉得这是有史以来最大的金钱浪费。”这位官员后来回忆道：“这个东西当时根本就不适合被建造，当时只有几个头脑发热的人到处游说，在没有任何信号发现的前提下，讨论把真空技术、激光技术、材料科学技术、地震隔离技术还有反馈系统，推到高于当时技术几个数量级的水平，甚至需要使用还没有被发明出来的材料。”可见，美国国家科学基金会当时是冒了多大的风险和顶着多大的压力同意启动了这个项目。

三、引力波探测的悲情与荣耀

激光干涉引力波天文台终于启动了，那么前方会是一片坦途吗？

并不是！

由于激光干涉引力波天文台是韦斯、索恩和德雷弗联合建议的，他们都在项目的前期研究和启动的过程中发挥了不可替代的作用，而且他们三位都是当时这个领域的顶尖科学家，所以这个项目启动之后就由他们三人联合管理，史称激光干涉引力波天文台“三巨头”。但是他们之间的合作非常糟糕，韦斯和德雷弗都是杰出的实验专家，各自都有不同的想法，互相攻击，完全无法合作。索恩是理论家，想尽办法在他们两人之间调解，但是仍然无济于事。于是项目的进展一塌糊涂，看不到完成的希望。美国国家科学基金会终于忍无可忍，命令彻底改变项目的管理。于是加州理工学院指派了一位重量级官员取代他们三位，独自管理这个项目，但是他和德雷弗之间的矛盾更大，最终把德雷弗开除了。德雷弗当然不服，到处告状，整个项目团队面临分崩离析，激光干涉引力波天文台实验几乎崩盘。最终加州理工学院任命了粒子物理学家巴里什担任这个项目的首席科学家，他就是 2017 年和韦斯、索恩一起分享诺贝尔物理学奖的第三人。做这种大型的科学项目对于粒子物理学家来说并不陌生，巴里什不负众望，不但重整了激光干涉引力波天文台项目的管理，而且建立了激光干涉引力波天文台的科学合作团队，重新向美国国家科学基金会提交了激光干涉引力波天文台建设方案，虽然经费需求大幅度提高，但美国国家科学基金会仍然全盘接受，激光干涉引力波天文台项目终于步入正轨，于 1994 年正式开始建造。

然而，引力波的探测并不是只有激光干涉引力波天文台这类设备能做。现在标准宇宙产生和演化的模型告诉我们，在宇宙大爆炸的前期有一段暴胀时期，这个时期宇宙的尺度随时间指数增加，在这个过程中的量子涨落也必然会产生引力波，称为原初引力波，而原初引力波能够在宇宙微波背景辐射的信号中留下痕迹，比如偏振的特征信号。测量宇宙微波背景辐射的偏振信号，就有可能观测到宇宙原初引力波，这对于理解宇宙的产生和演化具有不可替代的作用，很显然是诺贝尔奖级的成果。国际上有几个实验都在试图做这个探测，竞争异常激烈。

2014年，一个爆炸性的科学新闻传遍全球，其影响力类似于2015年激光干涉引力波天文台团队发现引力波的新闻。在新闻发布会上，美国放置在南极附近的BICEP2望远镜团队宣布，他们根据测量到的宇宙微波背景辐射的偏振信号，发现了大爆炸遗留的引力波。于是，学术界开始谈论到底谁会因此获得诺贝尔物理学奖。但是，好景不长，欧洲的一个专门测量宇宙微波背景辐射的普朗克卫星发现，南极那个实验所观测的那一片天空，存在以前未知的干扰信号，南极那个实验看到的，实际上是干扰信号产生的偏振信号，根本就不是宇宙微波背景辐射的偏振信号，这个诺贝尔奖级的科学成果原来是一个“乌龙”。事实上，如果那个团队更谨慎一些，在新闻发布之前仔细检查各种可能性，本来是可以发现这个错误的，但是他们没有这么做，而是匆匆忙忙地宣布了所谓的重大发现，也许是诺贝尔奖的诱惑实在是太大了？

实际上，激光干涉引力波天文台团队自己也发生过一次“乌龙”事件。他们为了测试搜寻引力波的程序和算法，会由一个小组在实验数据中加入人造的信号，模仿引力波信号。但是有一次在注入了人造信号之后，没有通知项目团队的其他人，其他人在找到这个信号之后，以为自己发现了引力波，而且已经在学术界内部发布了探测到引力波疑似信号的预警。全球很多地面和空间望远镜都对疑似产生引力波的那个天区进行了快速和密集的搜寻，试图探测引力波产生的天体的电磁波信号，当然都是一无所获。尽管如此，激光干涉引力波天文台项目团队还是花了6个月时间仔细分析了数据，确认是探测到了引力波，写好了论文准备投出去，直到这个时候，他们才发现这个引力波信号其实是那个小组注入的，他们只能自嘲是一次“火警演习”。

因此，加上韦伯的引力波探测“乌龙”事件，在引力波真的被探测到之前，曾经发生过三次“乌龙”事件，以至于当激光干涉引力波天文台终于探测到了引力波信号之后，很多人都在怀疑是不是还是“乌龙”事件？甚至在获得诺贝尔奖之后，仍然有人在怀疑。当然，现在有极为确凿的证据表明，激光干涉引力波天文台这次是真的探测到了引力波。

韦伯开创了引力波探测领域，最后却声名狼藉，毫无疑问是引力波探测历史上的一个悲剧人物。我前面讲过，发起激光干涉引力波天文台项目的是韦斯、索恩和德雷弗“三巨头”，无论是科学界还是激光干涉引力波天文台项目内部都一致认为，如果激光干涉引力波天文台探测到引力波获得了诺贝尔奖，得奖人必然是这“三巨头”。事实上，在激光干涉引力波天文台的结果公布之后，这个成果斩获了所有的科学大奖，直到 2017 年 10 月 3 日最终获得诺贝尔物理学奖这个终极科学荣耀，但是获奖人里面却没有德雷弗！

前面讲过，德雷弗被当时的激光干涉引力波天文台项目的新负责人开除出了激光干涉引力波天文台项目团队，并且规定他不准再踏入激光干涉引力波天文台一步。尽管后来加州理工学院认为，对德雷弗的这个处理过于严厉而且不公，但是并没有恢复德雷弗的激光干涉引力波天文台项目成员身份，只是想给德雷弗一笔不菲的研究经费让他想做什么就去做什么。但是德雷弗拒绝了，因为激光干涉引力波天文台是他一生的心血，除了激光干涉引力波天文台，他什么都不想做。在激光干涉引力波天文台成功地探测到引力波的时候，德雷弗已经得了重度阿尔茨海默病住院，索恩去医院看望他，德雷弗非常高兴，并且和索恩一起回忆了他们当年一起开创激光干涉引力波天文台的愉快时光。随后，激光干涉引力波天文台项目获得的所有科学大奖的名单上都有德雷弗，尽管德雷弗已经不能亲自出席会议领奖。很显然，德雷弗很快就将获得科学界的终极荣耀——诺贝尔物理学奖。但不幸的是，德雷弗于 2017 年 3 月因病去世，最终还是没有等到这个终极荣耀。

在一片痛惜声中，很多人都觉得，如果引力波的发现获得了 2016 年的诺贝尔物理学奖，就不会有这样的遗憾了。但是，诺贝尔奖提名的时间截至当年的 1 月 31 日，而激光干涉引力波天文台团队是在 2016 年 2 月 11 日才宣布发现了引力波，从程序上来讲，他们不可能获得提名，自然就不可能获奖。如果激光干涉引力波天文台稍微提前几个月探测到引力波，甚至如果激光干涉引力波天文台项目团队分析 2015 年 9 月 14 日探测到的那个引力波事件稍微快一点，那么德雷弗很可能就是引力波探测历史上最富戏剧性的人物。历史无法重演，就差了这么几天，德雷弗就成了引力波探测历史上最悲情的人物了。但是，科学界和历史都不会忘记德雷弗对引力波探测的杰出贡献。

四、美学

2016 年 2 月 11 日，激光干涉引力波天文台团队宣布探测到了引力波，第二天，我在朋友圈发了一篇文章，称这个引力波事件是“美猴王”，因为 2016 年是猴年，“美猴王”就是猴年最美的科学事件。我为什么这么说呢？首先解释一下我们的大脑如何审美。对这个问题，我研究了三十多年，我的结论非常简单，六个字——“没缺陷、不常见”。这六个字实际上包括了审美的两个要素，我们的大脑“审美”实际上就是对两个要素进行判断。一方面，是由我们每个人的价值观来判断审美对象是不是没缺陷；另一方面，我们每个人的见识能让我们甄别这个具体的审美对象是不是不常见。如果某个审美对象同时满足“没缺陷、不常见”这两个条件，我们的大脑就判断其“美”。关于我对美学的研究，感兴趣的朋友可以在网上检索“张双南美学”这五个字,可以找到很多资料。

那么，这个引力波事件满足这两个条件吗？绝对满足。

首先，这个引力波事件是完全没有缺陷的，因为它验证了三件事情：引力波的探测原理、广义相对论引力波预言以及我们自己的学术论文中黑洞并合没有其他辐射的预言。广义相对论的引力波预言有 100 年了，引力波的探测原理提出来也有 50 年了，这是第一次得到了验证，所以没缺陷。我们的论文中关于黑洞并合只能产生引力波、不能产生其他任何信号的预言也有几年了，所以至少对我来讲这件事也是没缺陷的。

但更重要的是，这是一个极端不常见的事件。这是一个实验团队做了几十年的实验，这是第一次做出来了真正的实验结果，在科学史上是唯一的，这个实验本身使用的又是地球上最精密的距离变化测量仪器。这个事件也创造了五个“第一次”：直接探测到引力波；利用一种从来没有被探测到的信号——引力波来探索宇宙；发现了两个黑洞组成的系统；两个黑洞刚被发现，不到一秒钟又并合在一起变成一个黑洞；这两个黑洞的质量，是大约 30 倍太阳质量，这也是完全意外的，因为以前我们发现黑洞的质量都不是这么多，或者比 30 倍大得多，或者小得多。这些是不是都很不常见？

所以这个事件是完全没缺陷、极端不常见。根据我的美学研究结果，没缺陷、不常见是美，没缺陷、很常见是俗，有缺陷、很常见是丑，有缺陷、不常见是“丑哭”，而完全没缺陷、极端不常见就是“美哭”。所以这是一个“美哭”的科学事件，我就把它称为猴年最美的科学事件，也就是“美猴王”。

五、“诺贝尔哥”郭英森先生是引力波专家吗?

关于“诺贝尔哥”郭英森先生，我在这里就不做介绍了，大家可以自行查到很多资料。关于这件事，我还专门写过一篇文章，题目是“从‘引力波’剧情大反转谈谈中国社会的‘科学’现实”。我在这篇文章中写道:“但是让我大跌眼镜的是，最近两天‘五年前他首提引力波’‘他们欠他一个道歉’这样的闹剧竟然也‘刷屏’了，而且支持者甚众，有不少人还是在学的理工科大学生、研究生或者已经接受了良好教育的知识分子。”这里提到的就是“诺贝尔哥”郭英森先生。支持郭英森先生的很多人甚至说，如果不是被某些人压制，郭英森先生应该获得诺贝尔物理学奖，这个唾手可得的诺贝尔奖，就这样丢掉了!

那么，郭英森先生真的是引力波专家吗?他真的有一套引力波理论吗?非也!郭英森先生就是中国典型的“民科”，他们没有受过科学训练，也无意接受科学训练;他们不懂科学理论，但对科学感兴趣，并致力于所谓的科学研究。“民科”们往往希望一举解决某个重大的科学问题，试图推翻某个著名的科学理论，或者致力于建立某种庞大的理论体系，却不接受也不了解科学共同体的基本范式，因此不能与其进行基本的学术交流。①

通过我前面讲述的引力波的理论和探测的100年历史，我们就知道，

① “民科”虽然字面上指的是“民间科学家”或者“业余科学家”，但是在一般的语境中，往往指的是不靠谱的“研究者”，学术界有时候在嘲笑有些职业科学家的“成果”时也用“民科”，甚至有时候在学术争论的时候也用“民科”批评对方，我觉得属于“民科”扩大化，并不可取。无论如何，在中文的语境中，“民科”既是名词，也是形容词。科学哲学家田松教授对“民科”做了一个定义，我觉得基本上符合我知道的“民科”，这里采用的就是田松教授的定义。

郭英森先生嘴里念叨的引力波和科学界所说的引力波毫无关系，他号称发明了引力波机器，完全是毫无根据。但是，更令人大跌眼镜的是，在引力波发现获得诺贝尔奖之后，国内又有一大批人或者批评诺贝尔奖评选委员会发错了奖，不应该发给那三个人，而应该发给郭英森先生；或者继续批评中国科学界压制了郭英森先生，使得中国人痛失了这个历史性的奖项。这是多么的可笑可悲！

六、我错了，黑洞的确经常火并

2016 年 2 月 12 日，也就是激光干涉引力波天文台团队宣布发现了引力波的第二天，我又发表了一篇文章，题目是“一瓶茅台作赌注：下一个引力波事件要等到猴年马月吗?”这篇文章的起因是，我在前面一篇文章里面写了这么一句话，“不过，下一个引力波事件恐怕真的得等猴年马月了”。我说这句话的原因是，我认为宇宙中黑洞火并产生引力波的事件应该极为稀少,激光干涉引力波天文台探测到了一个纯属运气，后面再探测到恐怕就得等到灵敏度提高以后了。但是我的同行，也是我的好朋友王力帆教授看到后表示不同意，他认为探测到了一个引力波事件，后面就应该接着探测到一批。所以我俩就打了一个赌，如果激光干涉引力波天文台升级之前还能探测到引力波，就算我输了，否则就是他输，赌注是一瓶茅台酒，国家天文台副台长薛随建研究员是证人。

结果当然大家都知道了，激光干涉引力波天文台在升级之前又探测到了三个引力波事件。所以我输了，黑洞的确经常火并！那么我当时为什么写了那句王力帆教授不同意的话呢？这和当时大家讨论的一件事有关：激光干涉引力波天文台探测到引力波什么时候能够拿到诺贝尔奖？我在那篇文章里面是这么写的：

> 很显然，激光干涉引力波天文台探测到这个引力波事件是诺贝尔奖级的成果，因为科学界早就有共识，第一次直接探测到引力波，应该获得诺贝尔物理学奖。但是我倾向认为，如果引力波探测的结果仅仅是这个，要拿到诺贝尔奖恐怕不易！原因在于，需要有独立的结果或者方法检验或者验证这个结果，或者这个实验发现新的但是不同的引力波事件。
>
> 但是我不认为这个实验能够很快地发现更多的其他类型的引力波事件，原因在于他们看到的黑洞并合事件应该是稀有的，但是恰好这类事件的引力波信号比较强，所以他们看到了。其他类型的引力波事件肯定多得多，但是信号弱，现有的仪器很可能看不到。即使由于我们不理解的原因，黑洞并合事件很多，但是天文界的一个传统就是：需要找到其他的信号独立验证，比如电磁波信号。

有趣的是，尽管我输了一瓶茅台酒，但是我上面说的他们拿诺贝尔奖的条件倒是全部达到了，他们总共探测到了10次黑洞火并产生的引力波，而且这10次的黑洞以及产生的引力波都不一样。更加有趣的是，天文学家竟然也观测到了两个中子星火并产生引力波的时候产生的电磁波辐射信号（图6-2），据说这个结果将在2017年10月中旬正式发布（注：的确于2017年10月16日发布了）。这就是为什么我很确信2017年的诺贝尔奖必然会授予引力波的发现。

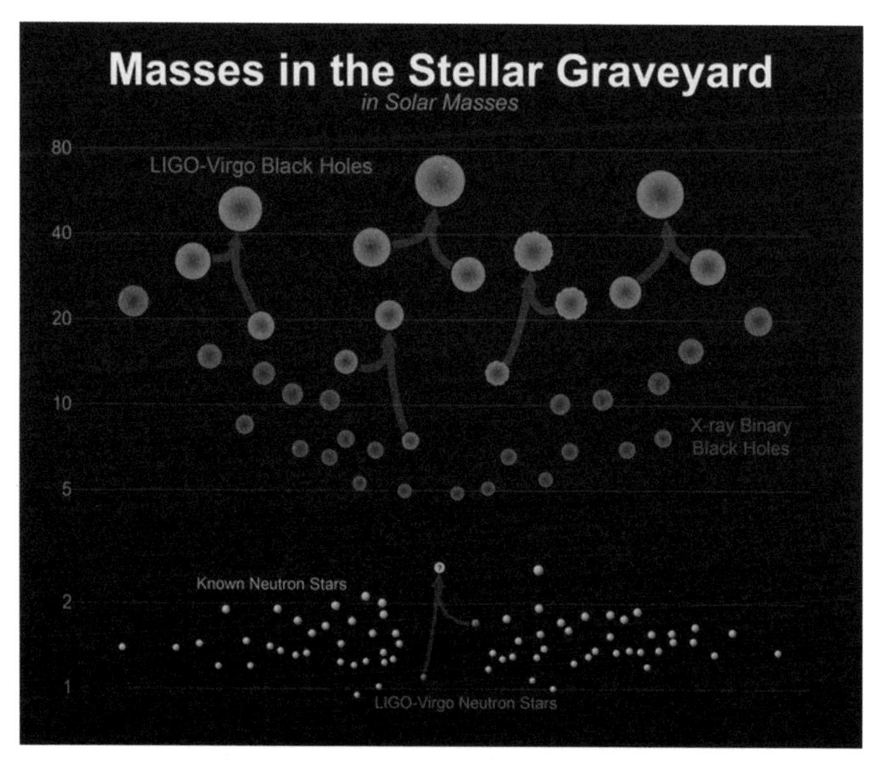

图 6-2　利用引力波和电磁波分别发现的黑洞和中子星

（图片来源：LIGO-Virgo 合作团队）

七、看似没用的引力波有着灿烂的未来

我在做关于引力波的科普报告或者公众演讲的时候，或者我被记者采访有关引力波的事情的时候，每一次，绝对是每一次，我都会被问到这个问题：引力波有什么用？取决于我当时的心情或者是谁问我，我会在下面这几个答案中选一个回答。

一是，什么用都没有，但是在研究如何探测引力波的过程中，科学家研制出来的技术非常有用，因为探测引力波需要世界上最精密的测量技术，技术水平远远超越目前工业的水平，因此这些技术对人类非常有用。实际上，激光干涉引力波天文台团队研发的某些贴近目前工业水平的技术已经得到了应用，更多的远远高于目前工业水平的技术，未来肯定会得到应用。

二是，艺术有什么用？但是人类在艺术上花的钱远远比在科学上花的钱多。有一次一个女生回应说，艺术让我感到幸福啊！我说，引力波让科学家感到幸福，科学家幸福了，人类就幸福了。

三是，就像100年前物理学家研究相对论和量子力学的时候没有人知道这些理论对我们有什么用一样，今天我们也不知道研究引力波对我们有什么用。但是相对论和量子力学建立之后100年，我们的现代科技和日常生活都已经离不开根据相对论和量子力学的原理所发展出的日新月异的技术了，从半导体到超级计算机，从核能到全球定位系统（GPS）导航，从医学诊断设备到量子通信，无不是如此。100年后，谁知道引力波的研究会带给我们什么呢？科学研究的重要性，就在于会带给人类完全预想不到的惊喜，其回报总是无数倍于其投资。

另外一件令人哭笑不得的事情是，在引力波“刷屏”之后，网上出现了众多的引力波产品，大部分都是防引力波辐射的产品，因为大家只要看到“辐射”这两个字就会担惊受怕，既然引力波已经到达地球了，当然要想办法防引力波辐射，而专门为孕妇做的防引力波辐射服似乎最畅销。还真有朋友咨询我哪家公司生产研制的孕妇防引力波辐射服效果更好。我的回答是，如果孕妇能够感受到引力波的伤害，也就不需要上千位科学家花几十年的时间，而且是花了美国国家科学基金会历史上最大的一笔经费做引力波的探测了，只需要让孕妇告诉我们被引力波击中是什么感觉就行了。

引力波当然无法屏蔽，也无法防，因为引力波能够穿透宇宙、穿透地球。当然也不需要防，因为引力波对我们的影响远远没有我们自己的呼吸对自己的影响大，好的影响、坏的影响都算上！

尽管貌似引力波现在没什么用，但是国际上探测引力波的国家可真是不少。地面探测引力波的装置除了激光干涉引力波天文台外，在意大利和德国也有类似的装置，而意大利的那个装置也探测到了一次引力波。澳大利亚、印度和日本也都在计划安装或者研制类似的引力波探测器。这些激光干涉仪一起构成的网络可以用来精确地定位引力波源。下一代的激光干涉仪计划，如爱因斯坦望远镜将建造在地下，由 3 个 10 千米长的臂构成等边三角形，在每个角上放两个探测器，可以用来探测引力波的偏振，获得更多的信息。我国相关大学及研究所也在计划建造地下激光干涉引力波探测器。

受到地球引力梯度的限制，在地面上不可能观测到频率低于 1 赫兹的引力波。要探测更低频率的引力波，则需要在空间进行探测。计划中的空间探测引力波计划有欧空局的激光干涉空间天线（LISA）计划、日本的分赫兹干涉引力波天文台（DECIGO）、中国的中国科学院的太极计划与中山大学的天琴计划等。

此外，通过观测引力波对电磁波在空间传播过程中的影响，也可以用来探测引力波。脉冲星计时阵便是通过测量引力波对毫秒脉冲星的电磁脉冲到达地球上的望远镜的时间的影响来测量引力波的，这种方法可以测量到频率更低的引力波。国际上的脉冲星计时阵有欧洲脉冲星计时阵（EPTA）、北美纳赫兹引力波天文台（NANOGrav）、澳大利亚帕克斯脉冲星计时阵（PPTA）等。中国科学院的 110 米口径全可动射电望远镜和 500 米口径球面射电望远镜（FAST），也可以通过脉冲星计时阵方法测量引力波。

像上面所说的，宇宙极早期暴胀时期的量子涨落会产生原初引力波，前面说的那个“乌龙”事件就属于这种探测。国际上目前有多个地面望远镜在开展这种探测实验，也有空间实验计划。截至目前，还没有发现原初引力波。我所在的中国科学院高能物理研究所，正在中国的西藏阿里天文台建造类似的宇宙微波背景辐射望远镜，称为阿里计划。

很显然，引力波探测正在成为一个非常活跃和竞争激烈的领域。短期之内，引力波将成为科学家进一步探索宇宙和发展科学理论的有力工具。利用更加高精度的引力波观测，科学家有望回答黑洞到底是什么：是数学家和理论物理学家预言的奇点“数学黑洞”？还是我和我的学生刘元所预言的中心没有奇点的“天文黑洞”？还是为了保证量子信息守恒而推测的“火墙黑洞”？还是最近炒得很热的“软毛黑洞”？广义相对论是最好的引力理论吗？能否测量到“引力子”？能否提供检验有些量子引力理论模型所需要的观测数据？除了促进黑洞和广义相对论的研究外，探测到黑洞和中子星或者两个中子星的并合，将能够促进我们对中子星内部结构的理解，也许能够回答所谓的“中子星内部到底主要是由中子还是夸克组成”这个中子星研究的终极问题。

2017 年的诺贝尔物理学奖对百年现代物理学做了一个了断，同时开启了科学史上一个激动人心的新时代。很幸运，我们目睹了这个伟大的事件。

第七课　宇宙的过去与现在

说到宇宙的过去，很自然的一个问题就是：宇宙有起点吗？宇宙有终结吗？也许你觉得这些问题是废话，万事万物都有始有终，宇宙为什么没有？但是逻辑上没有这么简单。虽然我们见到、知道的万事万物都有始有终，但是我们也知道这些有始有终其实只不过是各种相互转化而已，而宇宙作为万事万物的总和，就不能从万事万物的各种转化而推出宇宙必须得有始有终了。

你也许会说，智慧的古人早就给出了答案啊，比如老子就在《道德经》里面说过，“道生一,一生二,二生三,三生万物”。但是，这是老子的哲学，是他的思想，科学讲的是证据，这些老子都没有啊！而盘古开天辟地，大家都知道是传说，当然也没有什么证据，不必太当真。这些都是科学产生以前的事情，我们当然不必责怪古人。

但是，自从1609年伽利略发明了天文望远镜，自从牛顿于1687年发表了《自然哲学的数学原理》，正式建立了牛顿力学体系和万有引力定律，一直到20世纪伟大的天文学家哈勃取得重要发现之前，天文学家一直都是以为宇宙无始无终,包括牛顿和爱因斯坦也都是这样认为的。

为什么会这样呢？我们看看北宋著名文学家、书画家苏轼的这首诗：

横看成岭侧成峰，远近高低各不同。

不识庐山真面目，只缘身在此山中。

正因为我们处于这个宇宙当中，我们看到的星空中的天体都只是在我们视线方向上的投影，所以我们很难了解宇宙的三维图像。人的寿命甚至人类的历史与宇宙的历史相比都实在是太短了，所以想了解宇宙的历史似乎也是无解。

但是今天，天文学家不但知道今天的宇宙是在演化，而且知道了这个宇宙是如何开始的，宇宙中的物质、天体以及我们是怎么来的，甚至能够比较科学地猜测宇宙的未来会是什么样子。得到的基本结论是，我们的这个宇宙有始但是可能无终。在这堂课里，我将要告诉大家天文学家是怎么知道了宇宙的过去和现在的。

一、牛顿和爱因斯坦的麻烦

对天文学家来说，关于宇宙的模型只能建立在天文观测的基础上，才不会去管那些神话传说以及哲学观念。有了功能越来越强大的天文望远镜之后，天文学家发现，一旦把视野扩展到太阳系以外，就会发现那些数不清的天体都是静止不动的，大部分都是恒星，也就是不动的星星。于是，牛顿时代的科学家在抛弃了地心说之后，就只能以为宇宙是静态的，也就是除了行星会绕着太阳转动之外，所有的恒星在天上都是不动的。为了解释为什么这些恒星都不动，牛顿只好假设，宇宙中有无数的恒星，所有的恒星在天上是完全均匀分布的，这样每一个恒星受到的各个方向的所有其他天体的引力都是相同的，因此，恒星受到的总的引力为零，如果一开始不动，就会一直一动不动地待在空间了。

但是，牛顿已经知道这个说法其实是站不住脚的。因为如果宇宙中所有的天体都是一直一动不动还行，但是万一某一个天体受到了一点点扰动而动了那么一点点，平衡就被打破了，天体顿时就会乱跑起来，根本就不能维持一动不动的样子了。那么扰动存在吗？当然存在，地球就在动,太阳系内的行星都在动。事实上,很容易在牛顿的力学体系下计算，由于行星的运动，太阳也得稍微动一动，这样整个宇宙就乱套了。牛顿为此困惑不已，无法在他的科学理论体系中维持一个安静的宇宙，只好求救上帝维持宇宙的秩序。

哈勃甚至发现，原来以为是银河系内的很多云状的结构，其实都是类似银河系这样的星系，看来也都是由恒星组成的，而这些星系看起来也是不动的，所以牛顿的麻烦就更大了，尽管这是牛顿去世之后的事情。

我们前面讲过，爱因斯坦在发现了广义相对论之后，就想用他的理论来解释宇宙为什么是静态的，因为他知道牛顿用万有引力定律解释宇宙失败了。爱因斯坦开始觉得，由于牛顿的引力是瞬时传递的，宇宙中一个天体的运动会立刻影响全宇宙所有的天体，所以得不到一个稳定的解，无法维持宇宙的静态结构。爱因斯坦认为，既然广义相对论没有这个毛病，能不能得到宇宙的稳定的静态解呢？遗憾的是，他发现，即使使用他的广义相对论，引力的传递不再是瞬时的，但是计算得到的宇宙不是膨胀就是收缩，无法和当时认为的静态宇宙相符合。于是，聪明的爱因斯坦就在他的场方程里面加了一项会抵消宇宙膨胀或者收缩的长程作用力，他把这一项叫作宇宙学常数。

但是很快哈勃就发现了宇宙中的天体并不是静止的，宇宙并不是处于静态，而是整体上在膨胀，爱因斯坦就非常后悔，说加这一项是他一生中最大的错误，否则他就预言了宇宙的膨胀，该是多么伟大的发现啊！

二、哈勃用“量天尺”发现宇宙不是孤岛

我们看看哈勃是怎样发现了宇宙其实不仅仅是银河系这个孤岛的。

我们虽然知道了太阳系的情况，但是如果不知道太阳系外天体的距离，就不知道宇宙到底有多大。因此，距离的测量在天文学上极为重要，但是又非常困难。好在天文学家发现了宇宙中存在一些天然的尺子，用这些尺子就可以测量遥远天体的距离了，最近比较热闹的是用引力波作为尺寸测量特别遥远的天体的距离。当然哈勃那个时候还没有探测到引力波，但是他也有尺子可以用，这就是造父变星。造父变星属于众多变星中的一种，变星也就是光度（或者星等）有明显变化的恒星。但是，造父变星特别有名和重要，是因为造父变星的光变周期和其绝对光度有一个确切的关系，可以用来测量宇宙中的天体（主要是附近星系）的距离，因此被称为“量天尺”。

造父是中国古代的一个人物，造父星在中国就以他的名字命名，这颗星就是中国古代二十八星宿中“危宿”中的一颗，也是现代称为仙王座（Cepheus）的5颗星中的 δ 星，是一颗变星。变星有一个很有趣的命名法则，就是把某个类型的第一颗星命名为这一类变星的名字，因此，这一颗变星就成了第一颗造父变星，所有类似的变星都统称为造父变星。

造父变星的“量天尺”原理是：先利用周年视差的三角测距法，精确测量距离太阳系比较近的造父变星的星等和周期的关系，得出其光变

图 7-1　标准烛光离得越远看起来越暗

周期和绝对光度的关系。这个关系就可以被用作“标准烛光”，也就是通过测量周期知道了这个“烛光”应该有多亮，烛光离得越远看起来就应该越暗（图 7-1）。这样，根据实际测量到的其他的造父变星的光变周期和星等（也就是看起来有多暗），就得出了其他造父变星的距离。如果该造父变星位于其他星系，这就相当于测量了该星系的距离。

20 世纪 20 年代，哈勃正是通过系统地测量了位于邻近星系（当时认为是银河系内的星云）中的造父变星的星等和周期，利用前述的光变周期和绝对光度的关系，推算出了它们离我们的距离，证实了这些星云实际上距离我们非常遥远，根本就不在银河系以内，而是类似银河系的众多星系，把宇宙的范围大大地拓展了，这就是我在“极简天文史”一课中所讲的人类宇宙观的第三次飞跃。

由于光线的传播受到光速的限制，我们观测到的越远的天体的光就是越早期宇宙的天体发出的光，因此就可以进行宇宙考古了。如果我们假设银河系不是宇宙的中心，而是宇宙中的一个普通星系，也就是假设宇宙处处都是和银河系附近差不多，这就是所谓的宇宙学原理，也叫作哥白尼原理，因为哥白尼第一次抛弃了地心说，对哥白尼思想的推广就是宇宙各处平等。所以，宇宙考古的基本原理就是，远处的宇宙的情况就是我们今天的宇宙的过去。

三、哈勃用天体测速仪发现了宇宙有起点

那么，哈勃的宇宙考古学又是怎么发现了宇宙是膨胀而且有起点的呢？哈勃是把前面所讲的“量天尺”和天体的测速仪结合起来做到的。

哈勃用的天体测速仪的原理和交警测量汽车速度的雷达（图 7-2）或者激光测速仪的原理是一样的。雷达或者激光测速仪发射一个特定频率或者波长的无线电波或激光，汽车会把接收到的无线电波或激光反射回去，但是由于汽车是运动的，由于多普勒效应，反射回来的无线电波或者激光的波长就改变了。迎着我们开过来的火车的鸣笛声更加尖锐，根本上也是这个原因。当然哈勃没有向他观测的天体发射任何东西，但是天体会发光，而且像太阳光那样也有很明显的光谱线。这样，哈勃通过测量这些谱线相对于实验室中的同样光谱的谱线的移动，就可以用多普勒效应测量天体的运动速度了。

图 7-2　雷达测速原理

哈勃在利用“量天尺”测量了这些遥远星系的距离之后，又用测速仪测量了这些星系的速度,发现遥远的星系相对于银河系都是在退行的，而且退行的速度和距离成正比，这就是著名的哈勃定律，这个比例常数就称为哈勃常数，是一个宇宙学的基本常数。虽然由于哈勃当时测量的误差比较大，他得到的哈勃常数和今天精确测量的结果有很大的不同，但他的基本结论是正确的。因此我们可以说，哈勃正式开启了现代宇宙学的一个新时代，这就是我在“极简天文史”那一课中所说的人类宇宙观的第四次飞跃。

尽管哈勃当时观测的宇宙的范围远远比今天小，但是如果假设哈勃定律是正确的，就可以外推到全宇宙。要想外推，就得建立模型，而且模型越简单越好，这是科学研究的基本范式。对哈勃定律的最直截了当的模型，就是烤面包的时候在里面放上葡萄干，面包变大的过程中，所有的葡萄干的相对距离都增加，而且相对越远的葡萄干相对分离的速度就越快（图 7-3），与哈勃定律一致。这样我们就会得到结论：以前这些遥远的星系一定靠得很近，一直外推下去，宇宙就必须有起点。

图 7-3　宇宙膨胀示意图

四、从天线的噪声里发现了宇宙大爆炸

既然有起点，那么直观地想象宇宙一开始的时候，这么多物质集中在一起，密度一定非常大，而让宇宙膨胀把这些物质推开，最简单的模

型就是大爆炸（Big Bang）。这听起来匪夷所思，所以反对这个模型的人就讽刺挖苦说，难道宇宙就是这么“砰”的一下靠“Big Bang”炸出来的吗？“Big Bang”这个描述太形象了，反对和支持这个模型的学者就都把这个模型叫作“Big Bang”宇宙学模型了，翻译成中文就是大爆炸宇宙学模型。

长话短说，既然是一个科学模型，我说过，科学方法有三条，逻辑化、定量化和实证化，那么逻辑上能够说通了还不够，还得定量计算。20 世纪著名的物理学家也是非常有成就而且多产的科普作家乔治·伽莫夫在 20 世纪 40 年代就做了一个宇宙大爆炸的定量模型。他计算出，宇宙大爆炸开始的时候温度非常高，产生了非常高能的电磁波辐射。但是随着宇宙的膨胀，温度迅速降低，宇宙早期的高能电磁波的能量也迅速降低，到了今天，宇宙中应该充满了绝对温度大约 10 开尔文的微波辐射，而冰点的绝对温度是 273 开尔文，所以宇宙空间是远远比冰冷还冷得多啊！

既然模型都做出来了，也有了定量的计算结果，按照科学方法最后也是最重要的一步，就应该做观测验证了，一旦验证成功，那显然就是诺贝尔奖级的科学成果，科学家们应该蜂拥而上去观测了吧？然而并没有！因为当时主流的科学界并不怎么拿这个模型当回事，觉得宇宙不会是这么简单。

1964 年，美国贝尔电话公司两位年轻的工程师阿诺·彭齐亚斯和罗伯特·威尔逊，在调试他们那巨大的喇叭形天线时，出乎意料地接收到一种无线电干扰噪声，各个方向上信号的强度都一样，而且历时数月无变化。难道是仪器本身有问题吗？或者是栖息在天线上的鸽子的粪便引起的？他们把天线拆开重新组装，清洗了鸽子的粪便，依然接收到那种无法解释的噪声。这种噪声的波长在微波波段，对应于有效温度为 3.5 开尔文的黑体辐射出的电磁波。他们分析后认为，这种噪声肯定不是来自人造卫星，也不可能来自太阳、银河系或某个河外星系射电源，因为在转动天线时，噪声强度始终不变，说明这个辐射来自宇宙的所有方向。

这一发现使许多从事大爆炸宇宙论研究的科学家受得了极大的鼓舞。因为彭齐亚斯和威尔逊等人的观测结果竟与理论预言的宇宙大爆炸残留下来的辐射的温度如此接近，正是对宇宙大爆炸理论的一个非常有力的支持。这是继 1929 年哈勃发现宇宙膨胀后的又一个重大的天文发现，被列为 20 世纪 60 年代天文学四大发现之一，这就是我在前面所讲的人类宇宙观的第五次飞跃。彭齐亚斯和威尔逊于 1978 年获得了诺贝尔物理学奖。遗憾的是,伽莫夫已经于 1968 年去世,否则也应该一起分享诺贝尔奖。

五、从大爆炸到现在：物质、天体，以及我们

既然大爆炸理论模型预言的宇宙微波背景都被观测到了，学术界就该都承认大爆炸宇宙学了吧！然而并没有！反对的科学家说，也许是巧合呢，我们也有别的办法让宇宙充满这样的辐射啊，比如宇宙中的各种天体都在辐射，为什么这些天体的辐射弥漫到了宇宙中不能也恰好和观测到的一样呢？他们就仔细做各种计算，调整他们的模型的参数，居然也能凑出来宇宙微波背景辐射！

但是，大爆炸理论模型可不仅仅是能够预言宇宙微波背景辐射，而且能够预言今天宇宙的各种情况，包括通过大爆炸以及后来的一系列过程产生了宇宙的各种元素、物质、天体，当然有了这些天体就能够在地球上产生我们了。

大爆炸开始的时候宇宙温度非常高，首先产生了大量的高能光子，

这些光子相互碰撞，就按照爱因斯坦的质能方程产生了高速运动的夸克、胶子、电子等基本粒子及其反粒子，而很多这些基本粒子的寿命很短，也会迅速地衰变成其他粒子或者光子，可以说是高温的光子和高密度的基本粒子糨糊。当然这些粒子还不是我们今天说的物质。

到了大爆炸后大约 10^{-12} 秒的时候，宇宙的温度冷却到了大约 1000 万亿摄氏度，夸克、胶子和电子及其反粒子就开始冷却形成了质子和中子，这就是最初始的物质。大爆炸后大约 10 秒，温度约 30 亿摄氏度，这就是宇宙的核合成时期，质子和中子就会结合形成氢、氦类稳定轻原子核，也就是我们所说的化学元素，其他轻原子核也会形成一点，但是非常少。当宇宙冷却到 10 亿摄氏度以下,也就是大爆炸大约 3 分钟之后，就不能再产生新的原子核了。所以，宇宙中的物质基本上都是在宇宙大爆炸之后 3 分钟以内形成的，这些物质就在引力的作用下开始形成今天宇宙中的各种天体和结构。

当然，今天宇宙中的物质并不仅仅有氢、氦类稳定的轻原子核，其他的元素主要都是在恒星的中心通过轻元素合成重元素的核聚变过程形成的，这种过程能够产生一直到铁这样的重元素，而核聚变过程中释放能量的过程就是恒星内部的能源机制。此外，超新星爆发的过程中也会产生一些比铁更重的元素。

但是很多更重的元素则需要在两个中子星并合爆发的过程中产生，比如 2017 年 10 月 16 日宣布的于 2017 年 8 月 17 日发现的第一例双中子星并合产生引力波的事件中，就发现很多超重元素被产生出来了。双中子星并合过程中，不断甩出一些中子星碎块，大部分是中子，少数是质子。理论计算表明，在碰撞发生的一秒钟内，这些中子星碎块扩散到数十千米开外，形成一团与太阳密度相当的云。在这个“炼金炉”中，由于大量中子的存在，中子和质子互相俘获，通过元素形成的所谓的 r-过程，也就是快过程，而这个过程需要大量的中子，形成大量富含中子的不稳定的同位素。这些不稳定的同位素中的中子会迅速衰变为质子，形成金等重元素（图 7-4）。据估计，中子星的一次碰撞，能够形成足有 300 个地球那么重的黄金，而这就是地球上黄金的主要来源。

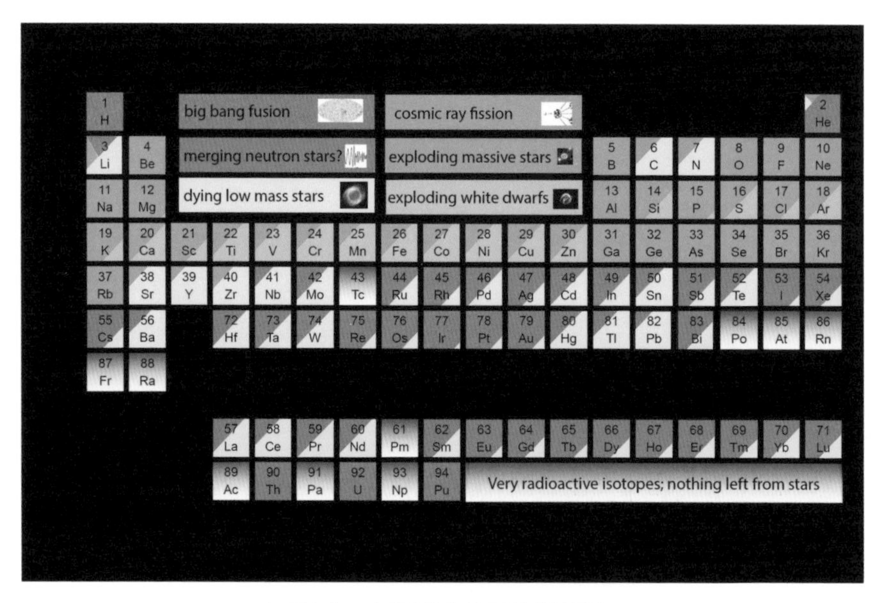

图 7-4　太阳系内的元素的起源

（图片来源：ESA、NASA、AAS Nova）

宇宙大爆炸模型预言和解释了宇宙、基本粒子、物质、各种天体和结构、太阳系、地球以及组成我们身体的各种元素。因此，大爆炸宇宙学模型已经是目前科学界普遍接受的宇宙诞生的理论模型。

第八课　关于宇宙大爆炸的那些奇怪问题

前面回顾了天文学家是如何发现了宇宙的过去和现在。天文学家现在不但知道今天的宇宙在演化，而且知道这个宇宙是如何开始的，宇宙中的物质、天体，以及我们是怎么来的。

那么，关于宇宙的故事到此就结束了吗？并不是！很多朋友都会问下面这些问题：谁给大爆炸提供了能量？为什么没有炸出来反物质呢？大爆炸之前是什么？大爆炸的中心在哪里？宇宙的边在哪里？我们会跟着宇宙一起膨胀吗？宇宙会一直膨胀下去吗？宇宙的未来是什么？

这些问题，有些是大家的误解，有些学术界目前也不能给出确定的回答。更重要的是，如果上网搜索，你会看到各种稀奇古怪的回答，但是在正规的天文学书里却找不到这些问题的答案，或者即使找到了，你也会被那些学术术语和复杂的公式方程吓退。

在这堂课里面，我将澄清一些误解，也对那些学术界一般不用通俗的语言解释甚至还没有确切答案的问题，尽量给读者做一些初步的介绍和回答，满足读者的好奇心。

一、谁给大爆炸提供了能量

“砰”的一下，就炸出来了一个宇宙，产生了这么多物质和天体，而且这些天体今天还在宇宙中飞跑，那得多少能量啊！这些能量都是从哪里来的呢？

其实在宇宙中，爆炸是经常发生的，而且不一定要从外边提供什么能量。比如，大家都听说过超新星爆发（图 8-1），而超新星爆发就不需要外部提供能量，它自己就爆炸了。简单地说，如果有一大团物质，在自身的引力作用下就会发生收缩，我们叫作引力坍缩。在这个收缩过程中，引力势能转化成为物质的动能，所以在没有其他事情发生的情况下，

图 8-1 超新星爆发

这些高速运动的物质最后就会撞在一起，发生一个剧烈的爆炸。但是这并不是我们看到的超新星爆发，原因在于：这一团物质收缩的过程中的确会发生其他事情，比如形成了恒星和行星，我们的太阳系就是这么形成的。

恒星靠它内部的核聚变产生能量来抵抗进一步的引力收缩，但是恒星内部的核聚变过程最终是会停止的，失去了内部能源的恒星只好继续做引力坍缩。接下去就有两种可能了：一种可能就是在中心首先形成了一个黑洞，那么剩下的物质跑到了黑洞视界面就直接进去了，所以不会发生超新星爆发，银河系内的有些黑洞就是这么形成的。但是如果中心先形成了一个中子星，外面的物质并不知道，仍然高速冲进去，撞到了中子星很硬的表面，就会被反弹回去，这就是超新星爆发。所以，产生超新星爆发并不需要额外提供能量。

但是宇宙一开始可是什么都没有，靠引力坍缩引发宇宙大爆炸很显然不可行，那么怎么办呢？一个出路就是奇点。我们前面讲到黑洞的时候说过，一般认为，黑洞的中心是一个奇点，那里的各种物理量都发散，尤其是能量和物质密度都是无穷大。既然是无穷大，那么奇点爆发产生出来一个宇宙就可能了。但是黑洞的奇点是被黑洞的视界包围着的，不会影响黑洞外面的世界。然而，如果有一个没有被黑洞视界包围的奇点，这个奇点就可以产生宇宙大爆炸了。霍金和彭罗斯于 1970 年证明了一个奇点定理，而奇点定理要求的条件看来是可以满足的。于是，宇宙大爆炸需要的奇点就可以有了。

但是，读者们可能又要问了：奇点是从哪里来的呢？奇点产生之前是什么呢？这就不是大爆炸理论所能够回答的了，我们在后面关于平行宇宙和多重宇宙的讲解中会谈到。

二、为什么没有炸出来反物质？

前面提到，大爆炸开始产生了高速运动的夸克、胶子、电子等基本粒子及其反粒子，因为按照现有的粒子物理标准模型，正反粒子总是成对产生的，而且在我们的高能粒子对撞机中，也总是观察到正反粒子是一起产生的。但是，为什么今天的宇宙中就只有物质而没有反物质呢？为什么宇宙一开始产生了同样数量的正反粒子，但是最后反粒子都消失了以至于没有形成反物质呢？

可能你会问，也许就是地球上没有反物质，宇宙其他地方的反物质可能就很多呢？这种可能性已经被观测否定了，因为我们可以观测到来自宇宙中其他地方的宇宙射线，这些宇宙射线中除了少数是在后来的高能作用过程中产生的反粒子之外，根本就没有原初的反物质宇宙射线。这就是困扰当前科学界的一个重大疑难：宇宙反物质丢失之谜。

还没有答案不等于完全没有线索，而这个线索很可能就和神奇的中微子有关系。我们在这里不谈太多的物理学前沿问题，关于中微子的很多有趣故事就略过不讲了。长话短说，同样也是按照现有的粒子物理标准模型，中微子是不应该有质量的，但是多年前科学家发现，观测到的来自太阳的中微子的数量比根据理论模型计算出来的少了大约1/3，这就是著名的太阳中微子短缺之谜。

但是后来发现，原来太阳产生出来的中微子真的没有少，只是在传播到地球的过程中，有些中微子变成了其他类型的中微子，但是一开始只测量了一种中微子，后来就把这些中微子找回来了。一种中微子能够自发地变成另外一种中微子的过程就叫作中微子振荡，而中微子振荡背后的理论机制就是中微子有质量。2015年的诺贝尔物理学奖就授予了物理学家梶田隆章（Takaaki Kajita，1959— ）和阿瑟·麦克唐纳（Arthur B. McDonald，1943— ），奖励他们发现了中微子振荡（图 8-2）。

那么，为什么中微子违反了粒子物理标准模型而具有质量呢？我们目前并没有答案，但是有一些研究表明，这很可能就和宇宙的反物质丢失之谜有关。所以，研究小小的几乎没有质量的中微子，竟然有可能揭开关于宇宙大爆炸的重大疑难。

三、大爆炸之前是什么？宇宙的中心在哪里？

刨根问底是有科学素养的一个表现。我在做科普报告的时候，经常会听到这些问题：那么大爆炸之前是什么？宇宙的中心在哪里？

在大爆炸理论的框架下，是没有大爆炸之前这个问题的，因为大爆炸理论只能回答大爆炸以后的事情，而霍金和彭罗斯的奇点定理又把允许大爆炸的发生推给奇点，奇点本身是没有之前的，奇点消失了才产生了大爆炸，所以只有以后。当然，奇点定理是广义相对论框架下的结果，如果我们考虑量子力学效应，那么就不允许这样的奇点存在，因为在量子理论里面，在极高密度和极高能量下，量子涨落必然非常强烈，时间和空间都会变得不确定，所能够允许的最短时间就是所谓的普朗克时间，也就是 10^{-43} 秒。既然不允许比这个时间更短，当然就没有零时间，也就没有零之前的时间了，当然就根本没有奇点之前这个概念了。

我们观测到所有遥远的天体都是背对我们膨胀，似乎我们处于宇宙膨胀的中心，但是我们在前面说了，这只不过是我们的观测视觉效应。其实在宇宙中的任何地方观测，都会看到所有遥远的天体也都是同样的

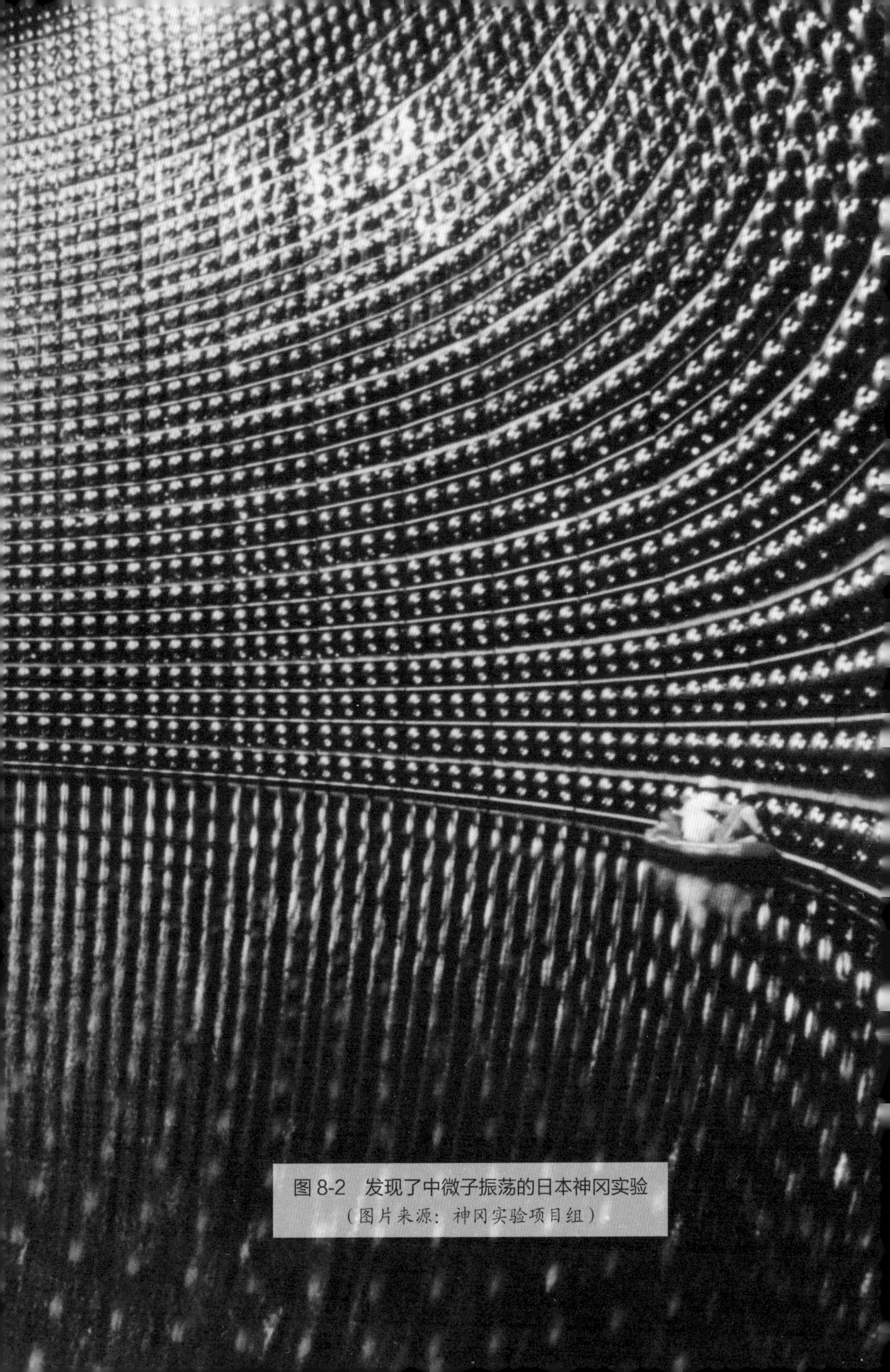

图 8-2　发现了中微子振荡的日本神冈实验
（图片来源：神冈实验项目组）

背对我们膨胀，而这正是对哈勃定律的最简单解释。

从另外一个方面思考，既然我们的宇宙是产生于一个奇点，我们总可以问这个点在哪里吧？其实这也是一个误解。我们说的奇点，并不真的是已有空间中的一个无限小的区域，而指的是所有地方的密度和能量都无限大的一种宇宙状态。那时候宇宙中处处的密度和能量都无限大，也就是整个宇宙都是奇点，并不是指宇宙是一个点，因此就没有宇宙的中心是哪里这个问题了，因为处处都是中心也都不是中心。

四、就只能把锅甩给奇点吗？

用奇点作为宇宙大爆炸开始的“接锅侠”，虽然简单，但是并不能令人满意，因为这只能解释奇点是可能出现的，不但没有回答为什么会有奇点，而且不能说明就必须有奇点。大爆炸宇宙学模型还有其他困难，最主要的是三个，即磁单极粒子、巧合性和视界疑难。

英国物理学家保罗·狄拉克（Paul Dirac，1902—1984）早在1931年就利用数学公式预言了磁单极粒子的存在。当时他认为既然带有基本电荷的电子在宇宙中存在，那么根据对称性，理应带有基本“磁荷”的粒子存在。在这之前，狄拉克就用类似的方法成功地预言了正电子的存在，从此开启了研究反物质粒子之门，所以狄拉克的预言就引起了大家的重视。后来的粒子物理大统一理论也预言了磁单极粒子的存在。然而，寻找磁单极粒子的各种实验都没有探测到磁单极粒子，尽管不能排除磁单极粒子的存在，但是至少说明宇宙中磁单极粒子非常少。

第二个疑难是巧合性问题，尽管宇宙中的天体多姿多态，宇宙整体的参数太像是人为给出来的，比如宇宙的所有物质和能量之和貌似恰好让宇宙的时空是平坦的，而在广义相对论里面，弯曲时空才是自然的。

第三个疑难是视界问题。由于宇宙整体的尺度非常大，比如相距最远的两端的距离是接近500亿光年远，而宇宙的年龄只有不到140亿年，所以即使以光线联系，相距最远的两端也不可能建立任何因果关系，因为不可能出现超光速的通信（图8-3）。但是，各种观测表明，宇宙对面的“模样”竟然几乎一样，似乎私下里已经有过了交流，它们是怎么交流的呢？

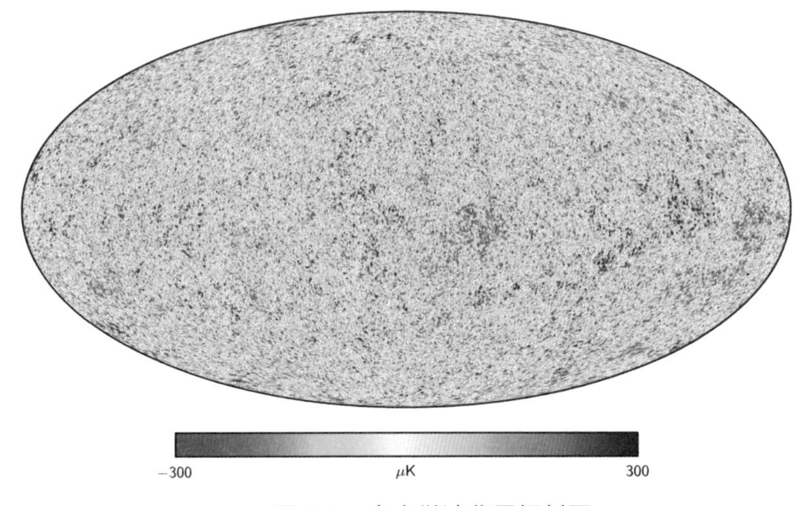

图8-3　宇宙微波背景辐射图

（图片来源：Planck卫星项目团队）

为了解决这个问题，当时年轻的物理学家阿兰·古斯（Alan Guth，1947—）就提出了一个古怪的想法：其实现在距离特别远的宇宙，一开始距离很近，是可以建立因果关系的，而且也进行了充分的交流，当然那时候宇宙的密度和能量特别高，所以也有很多磁单极粒子，然后突然宇宙就开始了一个比大爆炸还厉害得多的膨胀，被称为暴胀。在这个期间，宇宙的尺度不是按照哈勃定律那样线性增加，而是指数增加，在几乎注意不到的极短时间内，宇宙的尺度就变得比较大了，原来正在密切交流的局域还没有来得及说“再见”就已经到了以光速通信也不可能了，所以后来尽管分开得已经很远了，但是当时的模样被保留了下来。这样就解决了视界问题。

可以在这个框架下计算，即使一开始宇宙很不平坦，但是由于膨胀的速度太快，任何不平坦都会瞬间被拉平，与最简单的整理床单有异曲同工之妙。拉平之后，谁又能知道以前是怎么凹凸不平的呢？同样，即使一开始宇宙中磁单极粒子很多，但是由于膨胀的速度太快了，根本来不及产生新的磁单极粒子，到了正常的大爆炸阶段，宇宙中的磁单极粒子密度就已经非常低了，所以现在根本就探测不到了。

所以，暴胀宇宙学模型竟然一石三鸟就解决了困扰标准大爆炸模型的三个疑难问题。当然，用暴胀模型作为宇宙大爆炸的开始，也自然避免了我们前面说的奇点问题。

五、宇宙有没有边？

宇宙到底有没有边？按道理说，虽然不一定看得到，但是再大的东西也得有边啊！这个问题是我在各种场合被问到的最多的问题，没有之一。提问者从6岁的孩子到已经退休的老人家，各行各业的人基本上都有。

在回答这个问题之前，首先我们需要定义什么是宇宙。一般来说，我们认为宇宙就是物质世界的总和。那么在这种情况下，我如果回答宇宙有边界，那么你一定会接着问：边界外面是什么？答案是：边界外面仍然是宇宙。你如果接着问：再往外呢？答案仍然是：再往外仍然是宇宙。所以我只能回答，宇宙没有边界。

但是这个回答你肯定不会满意：没有边界不就意味着宇宙是无穷大了吗？没错，这就是当前学术界的标准回答。然而，爱因斯坦当年就是不相信宇宙是无限的，但是他也不认为宇宙有边界，那怎么办？爱因斯坦当然不会被这个问题难住，他认为我们的宇宙是有限无界的。

什么是有限无界？比如，一只蚂蚁在一个很大的球面上，它无论如何也找不到这个球面的边界，但是很显然，这个球面是有限的，因为它是闭合的。同样的道理，如果我们的宇宙是一个闭合的宇宙，我们就不可能找到宇宙的边界，但是这个宇宙仍然是有限的。比如，有一个很漂亮的宇宙模型认为，我们的宇宙就是一个巨大的四维黑洞的三维视界面，当然就是有限无界的，当然就没有边，也没有宇宙的外面这个概念了。

那么，我们的宇宙是闭合的吗？这个问题就是科学研究可以回答的了：根据爱因斯坦的广义相对论，宇宙是否闭合取决于宇宙的平均密度，密度高于一定的值，空间的弯曲就类似一个球面，所以可以闭合起来；密度低于一定的值，空间的弯曲就类似一个马鞍形，不能合拢。而这个值恰好就是前面所说的临界密度，当宇宙平均密度等于这个值的时候，空间就恰好是平坦的，对应于欧几里得几何描述的空间，也叫作闵可夫斯基空间。

所以，如果能够精确测量宇宙的平均密度，也包括宇宙的所有能量，那么就可以根据广义相对论确定我们的宇宙是否是闭合的。现在的观测结果告诉我们，宇宙的平均密度极为接近临界密度，但是在目前的测量精度范围内，既不能完全排除宇宙是闭合的，也不能确定宇宙就是开放的，只能等待未来更高精度的测量结果。利用宇宙微波背景辐射对宇宙大尺度空间的测量结果也表明，在目前的测量精度范围之内，宇宙是平坦的，尽管也不能完全排除宇宙是开放的还是闭合的。

因此，尽管爱因斯坦不相信宇宙会是无限的，但是目前的科学研究并不能给出明确答案，这就是科学和哲学的区别。科学需要证据，而哲学只需要理性思考。

六、我们会跟着宇宙一起膨胀吗?

既然宇宙正在膨胀中，那么宇宙中的各个天体，乃至我们人类自己，是不是也在跟着宇宙膨胀不断变大?

这实际上是一个非常严肃的科学问题，我和我的一个研究生就曾经认真地研究过。对这个问题的标准和主流的回答是：膨胀的是空间，不是空间中的物体，包括所有的天体和人类。

我前面在解释哈勃定律的时候，就用了烤面包的时候在里面放一些葡萄干作为例子，说明是面包在膨胀导致了葡萄干之间的距离变化的速度恰好满足了哈勃定律。就像葡萄干自己并没有在面包里面跑一样，其实宇宙中的天体也没有在宇宙中跑，实际上是空间本身膨胀了，与面包本身膨胀了是一个道理。

那么，怎么理解宇宙膨胀过程中天体的大小不变呢?如果宇宙膨胀中只有万有引力在起作用，膨胀的起源是大爆炸，那么大爆炸之后，一旦形成了天体，天体之间的距离就只能增加，天体的大小的确不会变化，就像在地球表面往上扔一块石头，石头在向上飞的过程中大小是不会变化的，当然我们这里忽略了石头和空气的摩擦作用。

但是，自从1998年发现宇宙加速膨胀之后，上面的标准和主流的回答就需要修改了，这就是我和我的一个研究生曾经研究过的问题。正像我们在“暗物质和暗能量”那一课中所说的，目前对于宇宙加速膨胀的最主流解释就是存在暗能量，暗能量使得天体之间有了一种目前未知的排斥力。暗能量在宇宙中均匀分布且其密度不随宇宙的膨胀而变化，导致在今天的宇宙中遥远星系之间的排斥力就开始克服了它们之间的万有引力，使得今天宇宙中星系的膨胀速度变快了。

既然暗能量在宇宙中均匀分布，它就会在所有的地方都起作用，比如在我们的身体里面也会导致原子之间有排斥力，我们就有可能变大。

多年前当刚刚发现宇宙加速膨胀的时候，我和我的一个研究生就计算了这个效应，计算结果是：在目前的情况下，不但这个排斥力对我们身体的影响比起生物学效应来说完全可以忽略不计，即使对于整个太阳系的影响也完全小于太阳本身的演化带来的影响。

但是，今天这个效应可以忽略，并不表明这个效应永远可以忽略，这取决于暗能量的性质。在有些模型中，比如暗能量密度随时间增加，那么暗能量不仅仅会让人变大，而且有可能把我们身体里面的原子都撕碎，出现所谓的“大撕裂”现象。由于我们目前还不理解暗能量的性质，所以我们现在真的不知道在遥远的未来，宇宙的膨胀会对人类产生什么影响。

七、宇宙会一直膨胀下去吗？

了解了宇宙的过去和现在，很显然我们会问，宇宙会一直膨胀下去吗？宇宙未来的命运会是怎样的？实际上，科学界现在并不能确切地回答这些问题，目前只能给出几种宇宙未来可能的模式，而起决定性作用的就是宇宙中的总物质和能量密度，以及暗能量的性质。

比如说，我们在地球上向上扔一个球，如果初始速度低，球就会落回来，恰好能够让球不落回来的速度取决于地球的质量，也就是对应地球半径的球以内的平均密度。用同样的办法来计算，让今天宇宙中的天体能够恰好一直相互分离而不回落,所要求的宇宙的密度就是临界密度，只不过在广义相对论的框架中，物质、能量和压力都会产生引力，因此计算得到的密度是总的密度。

简单地来讲，如果宇宙的总密度大于临界密度，我们的宇宙将来的膨胀就会最终停止，宇宙就会坍缩，会重新回到一个起点。

如果宇宙的总密度恰好等于临界密度，宇宙就会一直膨胀下去，在无限远的未来才会停下来。目前宇宙的总密度看来非常接近临界密度，所以这很可能就是宇宙的未来。

但是，如果宇宙的总密度稍微小于临界密度，那么宇宙的膨胀即使在无穷远的未来也不会停下来。在这种情况下，如果暗能量的密度保持为常数，目前宇宙的加速膨胀就会继续下去，膨胀得越来越快，星系和星系之间的分离速度越来越快，以至于最后我们看不到宇宙中其他的星系。

这还不是最可怕的，最可怕的是前面提到的大撕裂的情况。如果暗能量的密度随时间而增加，未来的宇宙就会出现大撕裂。大撕裂的意思是说不仅仅星系和星系之间的距离会变得越来越远，星系里面的每个天体之间的距离也会变得越来越远，星系会被撕裂。甚至组成我们身体的原子都会被撕裂开，所以这是一种非常不好的情况，真的不希望会发生。

第九课　那些“出没”于科幻作品中的天文和物理

我们前面讲了天文学研究历史上人类宇宙观的七次飞跃，讲了黑洞、中子星、暗物质、暗能量和引力波，也讲了关于宇宙的过去、现在和未来的一些主要情况，而且回答了一些大家关心的各种奇奇怪怪的问题。但是，这都是对于我们所处的这个宇宙而言的，而且学术界对大部分这些内容都比较有共识，因为这些都是基于大量的天文学观测结果和可靠的天文物理理论。

很多喜欢天文学的朋友都喜欢科幻，或者说很多喜欢科幻的朋友也喜欢天文学，其中一个主要原因就是，科幻小说和科幻电影特别喜欢用地球甚至太阳系以外的宇宙空间作为场景，以及用很多天体或者天体物理效应作为道具，如黑洞、白洞、虫洞、时间旅行、高维空间、平行宇宙（多重宇宙）。量子纠缠和火墙现在似乎还没有作为流行的科幻题材，但是我相信以后一定会的。

这么玩科幻，其中一个主要原因就是，这些天体或者天体物理效应很神奇，能够实现很多在现实生活中和目前的科技水平下做不到的事情，但是又有别于奇幻类的小说或者电影，因为这些用在科幻里面的效应一方面是目前科学研究非常前沿的事情，似乎也不违背已有的科学规律或者天文知识，这样就构成了严肃的硬科幻的基本元素。而且由于目前的科学研究对这些天体或者天体物理效应在很多情况下也没有定论，这就给了作者、编剧和导演很大的自由发挥的空间，所以就可以搞出来各种富有想象力和冲击力的科幻作品了。从历史上来看，不少以前出现在科幻里面的科学和技术，现在都已经实现了，所以科幻也是促进科技发展的一个正面元素。

引言已经够长了，那么我们现在就开始讲那些“出没”于科幻作品中的天文和物理了。

一、白洞、虫洞、量子纠缠和火墙

要讲清楚白洞，咱们先简要地复习一下前面讲到的黑洞。简单地说，作为广义相对论所预言的宇宙中的天体，黑洞具有质量、自转和电荷三个性质，是宇宙中最简单的天体。但是任何东西，包括各种能量，到了黑洞视界之后就只能进去，不能出来，所以黑洞也是宇宙中最“贪婪”的天体。黑洞的存在已经有了大量的天文观测证据，也是理解宇宙中很多重要天体形成和演化的不可或缺的基本元素之一。但是，你可能要问，进入黑洞的东西都到哪里去了呢？最终会不会宇宙中的所有东西都会进入黑洞呢？如果这样，宇宙最终会不会充满了黑洞而没有其他东西了呢？在前面，我提到白洞有可能提供这些问题的答案，只不过我不喜欢用白洞为这些困难“背锅”，所以提出了另外一个出路，感兴趣的朋友可以回到“极简黑洞”那一课中进一步了解详情。

我们这里只谈白洞。简单地说，作为广义相对论所预言的宇宙中的天体，白洞也只具有质量、自转和电荷三个性质，同样也是宇宙中最简单的天体。但是白洞是宇宙中最“慷慨大方”的天体，只会往外输出物质和能量，不会接收任何东西。由于白洞也有质量，所以在远处感受不出黑洞和白洞的区别，但是任何东西到了它附近的一个界面之后就只能停下来，而无法进去，所以从机制上就决定了白洞绝对不可能成为“贪官”。

既然白洞只出不进，那么它里面的东西是从哪里来的呢？广义相对论本身回答不了这个问题。但是，如果我们假设时间可以倒转，那么黑洞“吃”东西的过程的回放就是白洞吐东西的过程。所以可以说，白洞就是黑洞的逆过程的产物。也有人猜测，黑洞的奇点就是一个时间机器或者时空隧道，任何东西到了那里都有可能通过白洞冒出去，所以白洞就是黑洞的将来。这样就可以回答前面关于黑洞的三个难题了：进入黑洞的东西通过白洞跑掉了，因此不会发生宇宙中的所有东西都进入黑洞的情况，当然最终的宇宙也不会充满了黑洞。

遗憾的是，目前还没有确凿的证据表明宇宙中存在白洞，我们其实也不知道有什么具体的天体物理过程或者机制能够形成白洞。但是没有找到不等于没有，不知道也不表明没有，因此白洞不但能用在科幻作品中，而且用好了还能够做出惊心动魄的硬科幻。

下面简要地说说虫洞（图 9-1）。

电影《星际穿越》的火爆，让很多人都知道了虫洞。让我们拿一张纸，将其卷成一个筒，然后把这个纸筒逐渐压扁。在压扁的过程中，纸筒的周长是不变的，一只蚂蚁绕纸筒爬行一圈花费的时间不变，即使这个纸筒已经压得很扁了也是如此，而且这只蚂蚁还不会感受到纸筒变扁

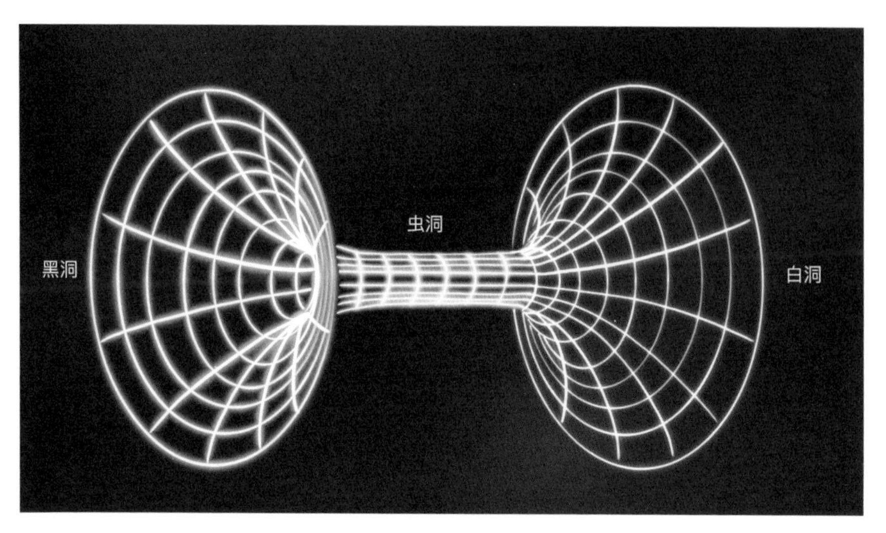

图 9-1　黑洞、白洞与虫洞

了，因为蚂蚁在纸筒上就是一个二维生物。但是，作为三维生物的我们就会注意到，当纸筒压得扁时，原来纸筒上背对面有两点之间在三维空间的距离就会越来越近，最后会靠在一起，我们用一个钉子直接穿过这两点就能够建立一个最短距离的通道了，而且这个距离最短可以等于零。这个通道就是三维空间的生物在二维空间建立的虫洞，如果让蚂蚁通过这个虫洞到达纸筒的背对面，那就是分分钟的事情了，不用费力地折腾。

作为二维生物的蚂蚁（图 9-2）是体会不到三维空间的，所以我们可以为蚂蚁造虫洞。

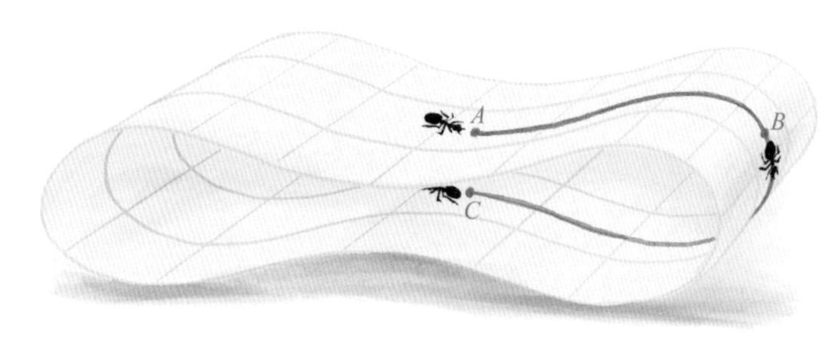

图 9-2　作为二维生物的蚂蚁

同样的道理，如果在四维空间里做一个虫洞，那么，我们三维空间的生物就可以通过这个虫洞瞬间穿越在三维空间距离很远但在四维空间很近的两地，电影《星际穿越》里面的虫洞就是这样的。道理听起来很简单，那么这样做科学吗？真的能够实现吗？

“虫洞”的概念最早由奥地利物理学家路德维希·弗莱姆（Ludwig Flamm，1885—1964）于1916年提出，并于1935年由爱因斯坦及罗森加以完善，因此，“虫洞”又被称作爱因斯坦－罗森桥。1935年爱因斯坦和罗森发现，理论上两个遥远的黑洞和白洞之间可以建立一个时空隧道，从黑洞进去，瞬间就能够从白洞出来。前面我们说过，目前不但没有发现白洞存在的证据，而且也不知道有什么办法能够在宇宙中产生白洞，所以我们当然也不知道宇宙中有没有产生虫洞的机制。而且，进一步的研究表明，即使自然界有办法产生虫洞，虫洞也是不稳定的，一旦有物质进入虫洞，虫洞就立刻和进入的物质一起毁灭了，所以这样的虫洞很显然没有办法用来做穿越。当然，天文学家目前也没有发现宇宙中哪里真的有虫洞，因此，虫洞目前也就只能用在科幻里面了。

科幻影视系列“星际迷航”总是在用“瞬间移动”方法，把人从一处送到另一处。这样科学吗？其实，“瞬间移动”背后的科学有可能就是量子纠缠，而量子纠缠也有可能就是虫洞的实现方法。

故事还是要回到爱因斯坦。我们在“引力波与爱因斯坦的尴尬”那一课中说过，爱因斯坦因为解释了光电效应现象获得了诺贝尔物理学奖，而光电效应就是证明了光的量子性，所以可以说爱因斯坦是量子力学的奠基人之一。但是，爱因斯坦一直觉得量子力学里面的不确定性有问题，他觉得量子力学不够完备。

为了说明量子力学的不完备性，1935年，爱因斯坦、波多尔斯基

(Podolsky)和罗森一起提出了量子纠缠的概念。根据标准的量子力学理论，两个甚至多个粒子可以处于一种被称为叠加态的状态，这种情况下每一个粒子的状态就不是独立的了，都依赖别的粒子的状态，可以说这些粒子之间发生了量子纠缠。同样是根据量子力学理论，这些粒子的叠加态和它们之间的距离没有关系。换句话说，一旦它们处于这种叠加态，就会一直处于叠加态，一旦其中的任何一个粒子的状态被改变了，其他处于叠加态的粒子的状态就会立刻改变，无论它们相距多远都是这样(图 9-3)。但是，狭义相对论是不允许瞬时传递信息的，这不就产生矛盾了吗?

爱因斯坦他们觉得这样就从逻辑上把量子力学的完备性驳倒了。但是尽管爱因斯坦他们说得很有道理，但是有道理不一定就是正确的，因为科学是需要实证的。于是，很多科学家都用实验来验证量子纠缠是否成立，非常出乎预料的是，爱因斯坦他们说的竟然真的就发生了，即使处于叠加态的粒子相距上千千米，它们仍然是不离不弃地处于原来的叠加态。目前，量子纠缠现象的空间最大距离的纪录是我国杰出的物理学家潘建伟所率领的团队利用中国的量子卫星实现的。

原则上，利用量子纠缠还有可能实现“瞬间移动”。比如，先造出一对处于叠加态的粒子，把其中的一个送到遥远的地方，另外一个留在原地。然后让留在原地的那个粒子和一个新的粒子发生作用，作用的结果就是原来的粒子的状态发生了改变，那么远处的那个粒子的状态也必须瞬时改变。如果实验设计得恰当，就可以让远处的那个粒子改变了状态之后和这个新的粒子的原始状态一致，那么就相当于把这个新的粒子瞬时传递到了远处。

这件事也早就被实验验证了，而且在中国的量子卫星上也实现了。

图 9-3　相距很远的粒子也会被“量子纠缠”在一起

既然所有的物质都是由粒子组成的，只要把一个物体的所有粒子的性质都传递过去，就相当于把这个物体“瞬间移动”过去了。当然用这种办法代价非常高，且不说传递了所有的粒子之后能否重新组装成与原来一模一样的物体，而且因为每传送一个粒子，就得先制备一对处于叠加态的粒子，需要把其中的一个粒子先送到远方，所以这个技术目前并没有实用性。

但是，既然原理是可行的，也许未来科学家能够找到实用的办法进行“瞬间移动”。假如未来真的能够实现“瞬间移动”，那岂不是就实现了同样是1935年爱因斯坦他们提出的虫洞了？所以，目前有些科学家认为，虫洞背后的物理机制也许就是量子纠缠，而量子纠缠很可能就是时空的本原。是不是很有趣？

霍金特别喜欢“搞事情”。本来他提出的黑洞的霍金辐射特别有道理，尽管还没有被验证，但是很少有人怀疑其正确性，因为毕竟这是量子力学和广义相对论最基本、最核心的要素结合在一起的必然结果。但是，霍金自己就觉得霍金辐射不是全部的故事，因为各种各样的信息进入黑洞都不见了，最后就变成了黑洞的质量、电荷和自转了，即使利用霍金辐射也只能给出一个黑体的辐射谱，携带的信息量远远少于进去的信息量，那么信息哪里去了呢？很显然这违反了信息守恒这个量子力学的最基本原则。这就是霍金提出的黑洞的信息不守恒疑难。

为了让霍金辐射存在的同时维持信息守恒，可以倒着考虑霍金辐射。我们在“极简黑洞”那一课中说过，霍金辐射本质上是真空涨落产生了一对粒子，一个掉入了黑洞，另外一个跑掉了，跑掉的粒子就是霍金辐射。那么，由于这一对同时从真空产生出来的粒子本来就处于纠缠态，那么无论跑出去的粒子跑了多远，根据量子力学它们仍然处于纠缠态。

但是根据广义相对论的黑洞的定义，黑洞内外是不能建立任何联系的，那怎么办？那就要斩断它们的联系，也就是破坏它们的纠缠。但是这么做需要能量，而能量需要粒子携带，于是，在原来黑洞的视界附近就冒出来了由一堆高能粒子组成的一堵火墙，黑洞的视界就被火墙所取代了，这些高能粒子携带的信息就是原来进入黑洞里面的信息。这样就同时既允许霍金辐射存在，也维持了信息没有消失，信息只不过保存在了这一堵火墙里面。

既然如此，那么我们能够观测到火墙的现象吗？遗憾的是，不能！因为火墙毕竟就是在黑洞的视界的位置，那里的任何效应都无法被远处的观测者直接观测到，除非你真的到那里，但是到了那里很可能就会被火墙烧死。如果真是这样，那么穿越黑洞的视界进入黑洞就变得非常危险了，以后的科幻作品应该考虑这个效应。

如果黑洞视界内部真的有一堵火墙，那么到黑洞探险的宇航员就麻烦了。不过《星际穿越》的科学顾问索恩似乎不相信黑洞火墙，因为电影的男一号库珀在穿越黑洞视界进入黑洞的时候并没有遭遇不测。

二、时间旅行

无论是穿越剧还是正儿八经的科幻作品，都特别喜欢将时间旅行情节融入其中。这很容易理解，毕竟我们都生活在时间的河流里，并不能控制时间的流逝，但是又想回到过去，看看将来，甚至想改变现实，但是这样做科学吗？的确有一些科学道理，尽管目前还真的做不到。

自从爱因斯坦提出狭义相对论以来，孪生子佯谬（图 9-4）就是比较“烧脑”的一件事。孪生子佯谬指的是，一对孪生子中的哥哥坐宇宙

图 9-4　孪生子佯谬

飞船作长程太空旅行，弟弟在家里，哥哥回来之后到底谁更年轻？根据狭义相对论，运动的物体的时间走得慢，那么应该是哥哥更年轻。但是，运动是相对的，相对于哥哥，弟弟也是在运动的，所以应该是弟弟更年轻。

历史上对于这个佯谬有过各种解释，但是实验结果表明，的确是哥哥更年轻，也就是哥哥回来之后就得管弟弟叫哥哥，原来的弟弟管哥哥叫弟弟。

实验证据就是两个事先对好的时钟，在实验结束之后，的确是出门的哥哥带着的那个时钟走得更慢一些。最简单的理解就是，由于哥哥相对于旅行的目的地在运动，根据狭义相对论，哥哥得到的他自己相对于目标的距离比弟弟近，所以旅行花的时间比弟弟按照他的旅行速度和弟弟相对于目标的距离计算出来的时间短。而弟弟看到哥哥在运动，同样根据狭义相对论，所以哥哥的时钟应该走得更慢，因此也得到哥哥回来后比自己年轻，并没有什么矛盾。所以，通过高速旅行就可以实现时间旅行，相当于穿越到了没有运动的世界的未来。这是最简单的时间旅行，原则上只要跑得足够快，就可以穿越到很遥远的未来。

另外一种时间旅行是回到过去，这个比较难实现，需要一个黑洞和一个虫洞配合起来才可以。我们已经知道，虫洞可以让一个人在很短的时间内完成本来需要很长时间才能完成的旅行，而在黑洞附近时间则可以放慢。所以，如果把虫洞放到黑洞旁边，那就特别厉害了。

我们假设这个虫洞连接的是在三维空间相距很远的两点，在没有虫洞的情况下这两点的时钟由于黑洞的引力相差一个小时，也就是离黑洞近的那一点的时钟慢一个小时。首先下午 2:00 的时候从三维空间里远处的那个位置旅行到离黑洞近的位置，假设花了 5 分钟，到了离黑洞近的地方携带的时钟就变成了下午 2:05，然后发现了那个连接这两点的虫洞，于是经过虫洞花了一分钟的时间到了上面，由于虫洞两端的时钟是一样的，到了上面携带的时钟就变成了 1:06，比出发的时候年轻了 54 分钟，就相当于旅行到了过去。虽然这个方案理论上没有问题，但是如果没有放到黑洞附近的虫洞还是实现不了，不过，用在科幻作品里面是完全可以的。比如，电影《星际穿越》里面既有黑洞又有虫洞，当然就可以这么玩了。

三、平行宇宙和多重宇宙

严格地说，平行宇宙和多重宇宙（图 9-5）是两个不同的概念[①]，然

① 平行宇宙源于量子力学的多世界解释，多重宇宙源于宇宙起源的暴胀模型。

图 9-5　多重宇宙

而通常都是不加区分地使用，即使在学术界也经常如此，所以在这里我就只使用多重宇宙了，它在学术界用得更加普遍一些。多重宇宙学说有非常多的科学动机以及很多的种类，我在这里不做全面的介绍，只讲几种我觉得对普通读者来说比较有意思的，而且也能够说得比较清楚的。

首先咱们回到前面用虫洞和黑洞旅行到过去的方案，如果多折腾几次，岂不是年龄就变成负的了？这很显然不合理啊！那怎么办？一个出路就是每一次从虫洞回去，就去了另外一个宇宙，所以这就已经要求有多重宇宙了。

我们再回到前面提到的宇宙暴胀模型，我们在那里没有说怎么样的暴胀才能产生我们这个宇宙。事实上，由于量子涨落，暴胀开始的时候，宇宙不同地方的情况就不可能完全一样，于是不同地方的暴胀就必然产生了不同的宇宙，而且暴胀过程中还会有量子涨落，任何一个地方的暴胀也会产生很多宇宙。所以只要需要暴胀模型，就无法避免出现多重宇宙，我们的这个宇宙无非就是暴胀产生的无数个宇宙中的一个。

既然谈到了量子力学，其实最早的多重宇宙模型就和对量子力学的诠释有很大关系。我们前面讲量子纠缠的时候说过，两个或者多个粒子可以处于叠加态，而叠加的就是量子力学中通常使用的波函数，量子力学最基本的方程薛定谔方程就是描述的波函数，对于任何粒子的测量就导致了波函数的波包的坍缩，也就是测量之前粒子的状态是完全不确定的，测量过程导致的波包坍缩给出来了测量结果。

但是，对于量子力学也有另外一种完全不同的解释，就是休・埃弗里特（Hugh Everett，1930—1982）提出的多世界解释，对应于多重宇宙。埃弗里特认为，并没有所谓的波包坍缩，实际上发生的是测量过程导致了波函数分裂，每一次测量就会导致一个完全不同的分裂，所有这些分裂都是真实的。由于在宇宙中无时无刻不在发生各种相互作用，于是就无时无刻不在分裂出来不同的结果。但是我们为什么就只有这一个宇宙呢？埃弗里特解释说，那是因为另外的那些分裂都产生了新的不同的宇宙，也就是不同的世界，所以实际上有无数个不同的世界，我们只是处于其中一个而已。

还有另外一种最有趣的解释，那就是人择原理，这和我们为什么存在有关系。简单地说，我们现在还没有一个基本的物理学理论能够解释那些物理常数，比如我们熟悉的万有引力常数、库仑常数、电子的质量、质子的质量等，我们只能测量这些常数的数值，但是无法解释这些常数为什么取这些数值。有人计算过，如果这些物理常数的数值稍微改变一下，那么宇宙的结构就不是今天这样，太阳系也不是今天这样，可能就不能形成恰好是这样的地球。那么，即使宇宙中还是会进化出生命，生命的形式也不一定是地球上的生命这样，我们也不太可能恰好是有这样的平均身高和体重等。也就是说，貌似这些物理学常数就是为了人类的存在而特别选择的，这被称为人择原理。既然如此，那么除非是上帝特意选择了这样的物理学常数，否则一定还有各种其他的物理学常数的组合，具有那些物理学常数的世界就一定和我们的世界不同，所以这也要求有多重宇宙。

说了这么多可能的多重宇宙以及多重宇宙应该存在的理由，那么多重宇宙存在吗？遗憾的是，我们不知道，我们甚至都不知道怎么去验证多重宇宙是否存在，很可能是因为我们只能观测和研究我们这一个宇宙。

第十课　是否真的有其他的世界和文明

这是极简天文课系列的第十课，也是最后一课。在前面九堂课中，我们讲了关于宇宙、宇宙的历史、宇宙中的各种天体，有些是确定的科学知识，有些还在研究之中，还有一些我们甚至都不太知道怎么研究。无论如何，我们对宇宙的了解已经取得了巨大的进步。但是，关于宇宙，人类特别想知道也是特别重要的一件事情，那就是：除了地球，宇宙中其他地方还有生命存在吗？甚至还有智慧生命存在吗？是否真的有其他的世界和文明？我不知道整个人类还有没有比这更大的好奇心。

我们曾经想象过月亮上有人，火星上有人，但是最终发现太阳系内除了地球哪里都没有人，也没有任何其他智慧生命，甚至可能没有任何生命的存在，地球很可能是太阳系内生命的唯一家园。

但是太阳系以外呢？如果地球上的人类的确是进化产生出来的，而太阳不过是银河系内上千亿颗恒星中的普通一颗，凭什么其他恒星周围就不会有地球？凭什么这些地球上就不会进化出生命甚至“高级”生命？凭什么地球上的生命是宇宙中唯一的生命存在形式？说不定也会有其他形式的生命呢！

理解地球以外的事情，满足人类的好奇心，从来都是推动科学发展的最重要的动力之一。既然人类有这么多问题还没有得到回答，科学就必须来回答。那么科学能回答吗？科学怎么回答呢？科学给出了什么答案呢？

一、费米悖论与德雷克公式

1950 年，著名物理学家、诺贝尔物理学奖得主恩利克·费米（Enrico Fermi，1901—1954），在和其他人谈论飞碟和外星人的时候，提出了一个疑问：外星人在哪里呢？他的意思是说，银河系就这么大，人类用 100 万年的时间就可以到银河系的任何地方，那么，如果银河系其他地方比地球早 100 万年就已经进化出了智慧生命，他们就应该已经到地球了。然而，地球上根本就没有外星人到访的任何痕迹，到底哪里出错了？

当然，费米假设了银河系的其他地方也会进化出智慧生命，那么会是这样吗？

1961 年，美国天文学家法兰克·德雷克（Frank Drake，1930—）在一次会议上写出来了一个公式，就是著名的德雷克公式，这个公式涉及下面几个量：银河系内恒星的数目、恒星有行星的比例、每个行星系中类地行星的数目、有生命进化的可居住类地行星的比例、进化出智慧生命的概率、智慧生命能够进行通信的概率、科技文明持续时间在行星生命周期中占的比例。把这些量乘起来，就得到了银河系内可能与我们通信的文明的数量。

虽然公式写出来了，但是要真正得到结果非常困难，甚至遥不可及。前两个量，也就是银河系内恒星的数目和恒星有行星的比例，都可以通过天文观测得到，而且目前已经有了很多结果了，后面我会介绍。第三项“每个行星系中类地行星的数目”，实际上是假设了只有类地行星上才会有生命存在，这是基于地球人的经验，实际上也不一定是这样，但是目前也只能这么做。后面几项我们都只能去猜，目前还没有别的办法。尽管有这么大的不确定性，由于第一项“银河系内恒星的数目”是1000 亿—4000 亿，而第二项“恒星有行星的比例”也不低，所以在各种合理的假设范围内算来算去，得到的银河系内可能与我们通信的文明的数量都是一个非常大的数，因此可以断定银河系内很有可能存在其他的世界和文明。

这不是哲学，也不是科幻，而是严肃的科学结论。

对德雷克公式的研究表明，我们必须严肃地对待费米悖论，当然最好的办法不是在地球上傻乎乎地等待外星人到来，而是用天文学的手段主动寻找其他的世界和文明。毕竟借助各种先进的天文望远镜，我们对宇宙的了解早就超越了银河系，甚至都能够观测研究宇宙刚刚诞生之后不久的情况了。

二、阴差阳错，四次“首次”发现太阳系外的行星

我在“极简天文史”那一课中说过，发现太阳系外的行星是人类宇宙观的第七次飞跃，但是和其他六次不同，我特别没有明确地说是谁首先发现了太阳系外的行星，我这么做的原因是大约 30 年来曾经有四次发现了太阳系外的行星。这就奇怪了，古代的学术交流不发达，会出现一件事被多次独立发现的情况，现在怎么还会这样呢？这就是科学研究

的复杂性所造成的。

第一次发现。1988 年和 1989 年，两个团队宣布发现了围绕太阳系外的恒星的第一颗行星，但是他们的结果受到了质疑，1992 年，他们干脆承认结果有问题，撤稿了！然而，2002 年，另外一个团队重新观测之后发现，虽然当时那两个团队对数据的解释有一些问题，但是，他们的确是发现了太阳系外的一颗行星。只不过这时候，发现太阳系外的恒星的第一颗行星的荣誉早就给了别人。

第二次发现。同样是在 1989 年，一个团队宣布发现了一颗褐矮星，也就是介于行星和恒星之间的一类天体。然而，另外一个团队于 2012 年宣布，这个所谓的褐矮星其实就是一颗行星。因此 1989 年的这个发现也没有及时得到公认。

第三次发现。1992 年，一个团队利用著名的 305 米口径的阿雷西博（Arecibo）射电望远镜，在一个转动周期大约为 6 毫秒的中子星（也被称为脉冲星）的周围发现了至少两颗行星，这个结果倒是立刻就得到了公认，因为观测结果精度实在是很高，没有别的解释。但是，由于这些行星围绕的是一个中子星，中子星发出的可见光很少，但是产生的高能辐射根本就无法让这些行星上面有生命存在，所以这个发现和太阳系外的文明建立不了任何关系，也就没有引起学术界多么大的重视。尽管如此，这个团队一直声称他们首先发现了太阳系外的行星。

第四次发现。直到 1995 年，事情彻底有了转机，一个团队令人信服地发现了距离地球大约 50 光年远的一颗恒星周围有一颗类似木星的行星。如前所述，尽管在历史上，这既不是第一次发现太阳系外的行星，也不是第一次发现太阳系外的恒星周围的行星，但这是第一次让天文界认识到其他的恒星周围的确存在短周期的大行星，因此开启了太阳系外行星研究的新时代。后来该领域的一系列国际大奖都授予了这个团队也正是这个原因[①]。

三、探测其他恒星－行星系统的方法

一共有 6 种探测太阳系外的行星的方法。

方法一是天体测量方法。我们知道，由于行星和太阳的引力作用，太阳在天上的位置相对于遥远的恒星也是摇来摇去的。同样的道理，通过精密追踪一颗恒星在天空中运行轨迹的变化，就可以推测它周围的行星的情况。只不过由于对恒星的位置的测量精度要求极高，只是近年来用这种方法才开始发现了一些太阳系外的行星。

方法二是利用狭义相对论多普勒效应。我们知道，当一个光源冲着我们运动时，我们接收到的光线不仅仅波长会发生蓝移，流强也会增加，而流强增加就纯粹是狭义相对论效应；与此相反，我们接收到的背对我们运动的光源的光会发生波长红移和流强降低。行星本身不发光，但是会反射它围绕的恒星的光，所以当它绕着恒星运动的时候，我们观测到的它反射的恒星的光的流强就会发生周期性的增强和减弱。但是由于行星反射的光和恒星发出的光相比太微弱了，虽然 2003 年就提出这个方法了，但直到 2013 年才被用来发现了第一颗行星，被命名为“爱因斯坦行星”。

方法三是径向速度法。当恒星在它周围的行星的引力作用下在天上

① 这个发现于 2019 年获得了诺贝尔物理学奖奖金的一半。

做周期性摇摆的时候，同样由于多普勒效应，它发出的光谱的谱线就会周期性地移动，测量谱线的移动就可以同时确定恒星的摇摆速度和周期，因此可以推测出行星的情况。用这种方法已经发现了很多行星。

方法四是直接成像法。由于行星会反射恒星的光，所以原则上应该可以像拍摄太阳系的行星的照片那样拍摄出其他恒星周围的行星的照片。但是，由于它们距离我们实在太远了，而且恒星的光芒远远超过了行星的光，所以必须想办法把恒星的光挡住才行，也就是需要造出类似我们拍摄太阳外围的照片所需要的日冕仪那样的星冕仪。近年来用这种方法也发现了一些行星，尽管拍到的行星在照片上顶多就是一个点。

方法五是引力微透镜法。我们前面讲过，广义相对论的一个重要效应就是质量会导致空间弯曲，因此会导致光线偏折。当一颗行星出现在一颗恒星和我们的视线连线方向的时候，就会产生引力透镜效应，被称为微引力透镜。所以，当一颗行星掠过我们和恒星的视线方向的时候，恒星的光的强度就会出现先增加后减少的现象，利用这个现象就可以测量这颗行星的质量。这个方法首先是天文学家毛淑德（现在是清华大学教授）和他当时的导师于1991年提出来的，目前也用来发现了一些行星。

方法六是凌日或者凌星法。当行星距离恒星比较近的时候，如果出现在我们和恒星的视线方向，就会稍微遮挡一点恒星的光，使得恒星看起来稍微暗那么一点点，行星转过去之后，恒星的流强就恢复了。利用这种方法，美国国家航空航天局（NASA）的开普勒太空望远镜发现了迄今数量最多的行星。中国在南极的天文望远镜也利用这种方法发现了一批太阳系外的行星。

除了以上6种主要方法，还有一些其他的方法，但是目前没有得到广泛的应用，所以在此就不介绍了。

四、那么，找到了其他的世界和文明吗？

有了 6 种方法搜寻太阳系外的行星，从 1995 年开始到 2018 年 2 月 1 日（本书初稿完成的日期），天文学家一共找到了 2794 个太阳系外的行星系统，发现了 3728 颗太阳系外的行星，其中 622 个系统里面有不止一颗行星。因此，太阳系外存在大量的行星已经是确定的观测事实。

找到各种各样的恒星 - 行星系统对于理解它们以及太阳系的形成和演化非常重要，因为如果只有这一个太阳系作为对象进行研究，很多理论模型就很难得到检验，也很难发展出新的理论模型。这就像在实验室中进行科学实验的时候，需要改变实验条件和参数来验证与发现科学规律。我们虽然不能控制天体形成和演化的条件，但是可以找同类的各种各样的天体进行观测研究，其效果就和在实验室中改变实验条件与参数是一样的。这些研究表明，我们的太阳系既不特殊，也不普通。不特殊表现在银河系内很多恒星周围都有类似太阳系内行星的天体，不普通表现在绝大多数的恒星 - 行星系统都没有太阳系那么多的行星，而恰好具有地球这样行星的恒星系统就更如凤毛麟角，所以，我们作为智慧文明在地球上出现虽然不是完全偶然的，却是非常幸运的。

寻找其他的世界和文明是探测太阳系外的行星的主要动机之一，那么到底什么样的太阳系外的行星上面可能有生命甚至文明存在呢？很显然，太阳系内只有地球上有文明，其他行星上不但没有文明，甚至都不确定有没有“低级”的原始生命。所以并不是所有的行星上都会产生生命，能够产生文明就更加困难。因此就有了宜居行星的概念，而是否宜居最好的参考就是地球。首先，这个行星必须是类似地球的岩石行星，因此就把宜居行星的范围首先缩小到了类地行星。地球上万物生长靠太阳，那么其他恒星周围的行星上万物生长就只能靠恒星了。我们可以计算这颗类地行星距离恒星多远，它上面就能够接收到来自恒星的足够的光，而距离又不能太近，导致上面的温度过高，以至于生命无法存活。这样就可以得到，对每一颗恒星它周围有一个宜居带，也就是一个距离的范围，如果类地行星处于这个宜居带，上面就有可能出现生命而且允许生命繁衍下去。

目前最有希望找到生命的是这几颗恒星周围的行星，距离我们大约 40 光年远的 TRAPPIST-1、大约 11 光年远的 Ross 128，以及距离我们只有 4.2 光年的比邻星。TRAPPIST-1 周围有 7 颗类似地球的岩石行星，是目前已知的太阳系外行星最多的恒星 - 行星系统，其中 5 颗大小类似地球，另外两颗大小在火星和地球之间；3 颗行星处于通常定义的宜居带以内，如果放宽一下宜居带的条件，另外 3 颗也可能处于宜居带。Ross 128 周围的一颗行星的质量大约是地球的 1.35 倍，并且和地球一样拥有岩表结构，也恰好处于宜居带上，这意味着上面很可能有水的存在。

最著名的就是在距离地球最近的恒星比邻星周围发现了一颗位于宜居带内的行星，它的质量为地球的 1.3 倍，距离比邻星 700 万千米，公转周期为 11.2 天。有趣的是，比邻星和另外两颗恒星一起构成了一个三体系统，这个系统就是刘慈欣的科幻小说《三体》中的三体人的故乡。然而，由于比邻星是一颗红矮星，不但实际上比南门二 A 和南门二 B 这两颗恒星小非常多，而且距离它们两个组成的双星系统也非常远，大概有 0.25 光年。即使它们三个组成一个三体系统，比邻星要绕那两颗恒星一圈可能也需要上千甚至数百万年，基本上不可能形成《三体》中描绘的混沌状态，不过在科幻作品中做这些有想象力的发挥当然没有什么大问题。

但是，即使用人类目前最先进的天文望远镜去观测这些行星，也根本什么都看不到，因为一方面，它们反射的恒星的光实在是太弱了；另一方面，望远镜的角分辨率也完全不能分辨这些行星，它们在望远镜的照片上顶多就是一个点而已。

那么，怎么知道它们上面是不是有生命？一个办法是试图探测生命活动在它们的大气层里留下的化学成分，当然这也需要用地球的大气层的性质作为参照。要做到这一点，首先要通过精确测量它们的光谱来确定它们是否有大气层，如果没有大气层，应该都没有办法让生命存在。但是目前的天文望远镜连探测这些行星是否有大气层都做不到，也许计划于 2021 年 10 月发射的接替哈勃望远镜的韦伯望远镜可以探测到它们的大气层，甚至确定这些行星上面是否有生命活动的痕迹。

所以，到今天为止，天文学家不但没有找到其他的世界和文明，甚至在地球以外还没有找到任何形式的生命。

五、霍金的突破摄星计划

为什么寻找其他的世界和文明这么难呢？原因是我们的技术还不够先进。在可以预见的未来，用地球上或者地球附近的卫星上的天文望远镜找到其他行星上面的生命是非常困难的，于是就有人想出了奇招，那就是霍金于 2016 年 4 月宣布联合互联网投资人、俄罗斯富翁尤里・米尔纳（Yuri Milner，1961—）启动的突破摄星计划，初始投资 1 亿美元。

突破摄星计划的目标是开发数千艘邮票大小的纳米小型太空飞船，飞往距离我们最近的恒星系，也就是前面所说的比邻星所在的三体系统，到那里拍照并且发回照片。在宣布这个计划的时候，他们的目标是想看看这个三体系统是否包含类似地球的行星，甚至是否存在生命。有趣的是，在他们宣布该计划之后仅仅 4 个月，科学家就发现了比邻星周围的那颗处于宜居带的类地行星，难道霍金事先就知道那里有这颗行星吗？

突破摄星计划利用地球上的激光器发出的强烈激光，推动小型飞船速度最终达到 20% 的光速，在几十年之内就可以到达目的地，拍摄的照片不到 5 年就可以传回地球，这样我们就可以真的看到太阳系外的行星的第一张照片了。这将是一个革命性的进步，毫无疑问将成为人类探索宇宙新的里程碑。

然而，这个计划靠谱吗？很显然，所需要的技术远远超越了目前人类所掌握的技术，因此很多工程技术方面的专家都高度质疑这个计划的可行性。然而，我非常佩服的哈佛大学教授阿维·勒布（Avi Loeb，1962—），也就是我前面介绍的提出了利用狭义相对论多普勒效应寻找太阳系外的行星的学者表示："突破摄星计划的确野心勃勃，但并没有任何背离基本科学原理的地方。"既然不违反科学原理，总是有可能实现的。事实上，很多技术的进步都不是预料中的，很多都是在科学研究中创新发展出来的。从这个角度来说，我本人非常支持这个计划。即使最终这个计划的目标实现不了，但是在这个过程中一定会产生很多新的科学和技术，得到的长期回报一定远远高于投入，而这是所有前沿科学和技术研究的共同特征。

霍金曾经说："什么是让人类独一无二的品质？在我看来，超越极限是我们独有的品质。今天，我们迈出了驶向宇宙的又一大步，因为我们是人类，我们的本质就是飞翔。"霍金先生已经于 2018 年去世，希望他的遗愿最终能够实现！

六、黑暗森林法则和文明的未来

黑暗森林法则是著名科幻小说作家刘慈欣在《三体Ⅱ：黑暗森林》中引入的法则。宇宙就是一片黑暗森林，每个文明都是带枪的猎人，像幽灵般潜行于林间，轻轻拨开挡路的树枝，竭力不让脚步发出一点儿声音，连呼吸都必须小心翼翼：他必须小心，因为林中到处都有与他一样潜行的猎人，如果他发现了别的生命，能做的只有一件事，开枪消灭之。在这片森林中，他人就是地狱，就是永恒的威胁，任何暴露自己存在的生命都将很快被消灭，这就是宇宙文明的图景，这就是刘慈欣先生对费米悖论的解释。

在一次活动中和刘慈欣先生聊天时，我说，我不同意黑暗森林法则，当然也不同意用黑暗森林法则作为费米悖论的解释。他笑了一下说，我提黑暗森林法则就是为了能够在小说里面制造矛盾冲突，没有其他的意思。

我不同意黑暗森林法则的原因在于，从人类发展的历史来看，最终生存下来的文明都是与外部交往的文明，没有哪个文明是在完全封闭的状态下发展起来并且能够延续下去的。人类文明如果永远局限和束缚在地球上，最终一定会灭绝。宇宙中如果有其他文明的话，他们也会认识到这一点。跨星球的文明交往需要合作，而不是灭绝对方，因为每一个文明必然有各自的局限性，只有相互合作才能共同发展。如果宇宙中有很多文明的话，我相信，最后生存下来和继续发展的文明一定是那些具有合作意识的文明，而不是一言不发就干掉对方的文明。至于宇宙中的资源，我相信对于智慧文明是够用的，不需要靠灭绝别的文明而生存下去。

那么为什么还有费米悖论呢？我的解释是这样的：尽管距离我们最近的行星只有几光年远，但是考虑到能够出现智慧文明的行星一定非常少，那么距离我们最近的高级文明至少有上千光年远。如果一个高级文明具备和其他高级文明通信的能力，那么这个文明的自我毁灭能力一定也很强，因此高级文明的寿命不会太长，也许只有几百年。这一点看看人类进入工业文明之后在短短的一个世纪就拥有了多少种自我毁灭的能力就清楚了。现在的地球上已经有几个国家能够毁灭人类文明，再发展下去很可能一个组织，甚至每个人都有可能拥有毁灭人类的能力和手段，到了那个时候，人类要想不自我毁灭都很难，很可能一些偶然的因素就会毁灭整个人类了。

而一个文明和另外一个文明最快的通信办法是用电磁波，但是由于光速是恒定的，那么当一个文明的信号经过成千上万年的时间到达另外一个文明的时候，前一个文明已经消失或者转移到了宇宙中的另外一个星球上了，因此，任何两个星球之间的文明之间根本无法通信交流。由于无法交流，后一个文明也就无法判断他接收到的信号是来自文明还是自然界。既然连通信交流都无法做到，拜访另外的智慧文明就是完全不可能的了。

那么，为什么地球上也没有留下其他智慧文明在远古时期访问过的痕迹呢？这是费米悖论的核心。答案很简单，在地球上有了文明之前，地球看起来和其他的行星没有什么区别，其他的智慧文明就没有任何理由拜访远古时期的地球。也许在很久很久以后，宇宙中的其他智慧文明看到了地球上今天的文明，但是当他们看到的时候，地球上已经没有文明了，或者文明已经毁灭了，或者地球人已经移居其他地方了。

地球是人类唯一的家园（图 10-1），保护好地球，让文明在地球上

图 10-1　茫茫宇宙中，地球是人类唯一的家园

延续得尽可能长一些，最终人类就可能发展出非常先进的科学和技术，在地球最终不适于人类居住的时候，实现《星际穿越》中的人类大迁徙。而人类迁徙的目的地，很可能就是今天我们寻找的某一颗甚至一批宜居行星！

后 记

几年前，出现了一款广受欢迎的知识付费产品“分答”，在朋友的“撺弄”之下我也到“分答”上开了一个账号，没想到提问题的朋友特别多，我很快就招架不住了，不是回答不了问题，而是工作太忙没有时间回答。我经常做科普报告，也是常常被听众提问的问题拖住走不了，于是我就萌生了找个机会把大家提问的问题和我的回答系统整理出来的想法。恰好“分答”团队又开发出来一个叫作“小讲”的产品，就是用语音系统地讲解一些知识，我就应“分答”团队的邀请开了“极简天文课”，这个课程的名称其实是参考了我特别喜欢的一本科普书《七堂极简物理课》，我还为该书的中文版写过推荐语。

“小讲”的一个功能就是听众可以和讲师用文字或语音互动，于是我又回答了不少大家关心的问题。恰好这时科学出版社邀请我写一本科普书，我就答应把“小讲”的内容整理出版。好在我在“小讲”的语音事先都已经有了稿子，所以并没有用多少工夫就把书的初稿弄出来了。但是作为天文方面的科普书，图片是不可少的，可是我又不会作图，只好把我以前做科普报告时用的一些图片插到了书中，也上网收集了几幅图片。为了获得这些图片的使用权，我的同事——中国科学院高能物理研究所科研处的刘红薇副研究员利用业余时间广泛联系这些图片的版权方，但是发了很多邮件都石沉大海，最后只获得了少数几幅图片的使用权。幸运的是，我们找到了北京天文馆的马劲，他有着丰富的天文科普和设计工作经验，在很短的时间内完成了书中大部分插图的绘制。为了顺利完成这些插图，我的好朋友——北京天文馆原馆长朱进亲自督战和指导，刘红薇也牺牲了不少休息时间做了很多协调和插图初审的工作。

本书初稿完成于 2018 年初，我在书中表达了对黑洞和广义相对论研究尚未获得诺贝尔物理学奖的不满，并且把发现太阳系外的行星作为人类认识宇宙的最近一次，也就是第七次飞跃。幸运的是，2019 年的诺贝尔物理学奖授予了太阳系外的行星发现者，2020 年的诺贝尔物理学奖授予了对黑洞和广义相对论的研究成果，这都让我感到很开心。当然也有不开心的，我在本书中解释了我非常景仰的物理学家霍金没有获得诺贝尔物理学奖的原因，而且特别希望他能够获得该奖项，但是在我完成初稿之后不久，霍金先生就去世了。尽管霍金先生最终没有获得诺贝尔物理学奖，但读者可以从本书中了解到，霍金取得的科学成就足以使他成为近代以来最伟大的科学家之一。

因为是通俗的科普书，我没有列出本书的参考文献。书中“极简天文史”和“天文学与科学方法”两堂课的主要内容取自我于 2012 年在《中国国家天文》杂志发表的《天文学与现代自然科学》，该文参考了南京大学李向东教授在中国天文学会一次大会上的报告，我在成文过程中也和苏定强院士有过一些讨论，在此向李向东教授和苏定强院士表示感谢。除了书中明确标注的引用，比如方舟子（原名方是民）先生和施郁教授的文章，我还广泛参考了诺贝尔物理学奖获得者斯蒂芬·温伯格（Steven Weinberg）先生的著作《给世界的答案：发现现代科学》，以及我的好朋友吴国盛教授的著作《什么是科学》，也和吴国盛教授有过一些交流讨论。关于阴阳五行和“天人合一”，我在和好朋友孙小淳教授的交流讨论中也深受启发。关于引力波发现的一些历史故事，我主要参考了珍娜·莱文女士的著作《引力波》，我为该书的中文版写过推荐语。在此向方是民先生、施郁教授、温伯格先生、吴国盛教授、孙小淳教授和莱文女士表示感谢。特别需要说明的是，我的科学史观和斯蒂芬·温伯格的比较一致，都是辉格史观，这可能和现在很多专业历史或科学史研究者明显不同。我在“极简天文史”那一堂课中把天文史总结为“人类认识宇宙的七次飞跃”,就是我的辉格史观的体现。我认为，很多科学家的历史观都是辉格史观，比如诺贝尔物理学奖获得者杨振宁先生（我认为杨先生是当代成就最大的物理学家）在讨论《易经》以及“天人合一”对中国人的影响时就是用的辉格史观。我特别崇拜的贾雷德·戴蒙德（Jared Diamond）是职业科学家，但是他对人类史的研究成就非凡，其代表作是《枪炮、病菌与钢铁：人类社会的命运》，我觉得他的历史观在很大程度上也是辉格史观。我们很多人都认为古希腊是西方现代文明的发源地，认为古希腊哲学是现代科学的源头，其实这些也都是辉格史观的体现。

本书获得了中国科学院科学传播局科普项目的资助（项目编号：2018C0007），在此感谢中国科学院科学传播局，感谢刘红薇副研究员和中国科学院高能物理研究所其他同事一起完成了该项目的申请与实施工作。

张双南
2021 年 1 月 31 日晚于北京